U0048419

不用數字的數學

Math Without Numbers

讓我們談談數學的概念，
一些你從沒想過的事……
激發無窮的想像力！

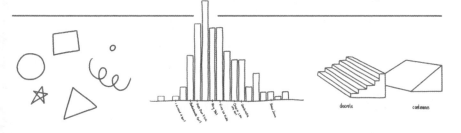

Milo Beckman

米羅・貝克曼 —— 著

M Erazo —— 繪圖

甘錫安 —— 譯

自由學習 38

不用數字的數學：讓我們談談數學的概念，

一些你從沒想過的事……激發無窮的想像力！

作　　　者	米羅·貝克曼（Milo Beckman）	
繪　　　圖	M Erazo	
譯　　　者	甘錫安	
責 任 編 輯	林博華	
行 銷 業 務	劉順眾、顏宏紋、李君宜	
總 編 輯	林博華	
發 行 人	凃玉雲	
出　　　版	經濟新潮社	

104台北市民生東路二段141號5樓

電話：(02)2500-7696　傳真：(02)2500-1955

經濟新潮社部落格：http://ecocite.pixnet.net

發　　　行　英屬蓋曼群島商家庭傳媒股份有限公司城邦分公司

台北市中山區民生東路二段141號11樓

客服服務專線：02-25007718；25007719

24小時傳真專線：02-25001990；25001991

服務時間：週一至週五上午09:30-12:00；下午13:30-17:00

劃撥帳號：19863813；戶名：書虫股份有限公司

讀者服務信箱：service@readingclub.com.tw

香港發行所　城邦（香港）出版集團有限公司

香港灣仔駱克道193號東超商業中心1樓

電話：852- 25086231　傳真：852- 25789337

E-mail：hkcite@biznetvigator.com

馬新發行所　城邦（馬新）出版集團Cite(M) Sdn Bhd

41, Jalan Radin Anum, Bandar Baru Sri Petaling,

57000 Kuala Lumpur, Malaysia

電話：603-90578822　傳真：603-90576622

E-mail：cite@cite.com.my

印　　　刷　漾格科技股份有限公司

初 版 一 刷　2022年9月8日

城邦讀書花園

www.cite.com.tw

ISBN：978-626-7195-01-7、978-626-7195-02-4（EPUB）

定價：360元

Printed in Taiwan

推薦序

一窺當代抽象數學的面向

游森棚

（臺灣師範大學數學系教授）

讀者手上的書是一本非常特別的數學科普書。

這本書談的數學，會和絕大部分讀者心中的「數學」非常不一樣，也和絕大部分的數學科普書非常不一樣。一言以蔽之，這本書用淺顯的語言介紹現代高等數學中幾個抽象的核心領域：拓樸、分析、代數，最後提及數學的哲學基礎、建模與自動機。所有篇章都談「概念」，都沒有「數字」。

這是數學嗎?!

讀完初稿，不禁啞然失笑，回憶起自己年輕時在數學系的惶恐與不知所措。僅僅一個月我就發現大學的數學和高中數學「很不一樣」。高中數學範圍有限，目標是解設計好的題目：不

要有計算失誤，快速地解題得到正確的答案。但是大學的數學範圍茫茫無際，大一的微積分（Calculus）與線性代數（Linear Algebra），除了像高中數學一樣的計算與解題，更多的是要求理解與論證。我在這兩門課的證明題中掙扎前行，不知不覺進了大二。

然後我就在大二的高等微積分（Analysis）與代數學（Algebra）卡關了。這兩門課是數學系真正的入門課程，幾乎沒有像高中數學一樣的計算題，而是一整片的理論。前面沒弄懂，後面就根本無法前進。簡單來說，這兩門課從課本內容、習題、到考試，全部是證明題。我可以整個下午在書桌前，只為了想弄懂從這一行到下一行的理由。一道敘述只有十幾個字的習題，可以耗掉好幾天，而且還做不出來，更糟的是書後面還沒有答案。同學們互相自嘲，一本薄薄的課本可以讀這麼久，真的太划算了。

我原以為這兩門課已經嘆為觀止，但到了大三時，修了一門更誇張的課，叫做拓樸學（Topology）。幾百頁的課本中沒有任何數字（數字只出現在頁碼、定理標號、足碼）。每星期連續幾堂課老師寫滿七、八個滿滿的黑板，可以完全不出現任何一個數字。我們一路顛簸，掙扎忍耐到快要學期末，然後老師很興奮地預告，下學期，在書本的後半，我們將會證明Jordan Curve Theorem 這個大定理：這個定理是說，你拿筆在紙上畫一個圓，會把紙分成兩部分，「圓內」和「圓外」。台下

同學一片譁然，這能不譁然嗎！我簡直矇了，那一瞬間，我覺得我在外星球上……

這是數學嗎 ?!

數學研究什麼

是的，這是數學。經過大學數學系，我知道從定義出發，純粹的論證與推理，推出夠一般的結論，是數學理論發展的步驟。而論證與推理，才是數學的核心本質。數學和其他學門非常不同，數學是一步推一步的，要下結論必須要有理由。「論證」與「推理」在數學各個不同的主題或領域上所佔的份量不盡相同，但這個本質不會改變。即使是小學的九九乘法表，三七是二十一也是有理由的。

如果我們抽離出最根本的概念，數學就是在研究形狀，研究變化，研究結構，應用之以解決實際問題，資訊時代又賦予數學新的觀點與力量。

用數學專業的語言來說，數學研究形狀，就是「幾何學與拓樸學」；數學研究變化，就是「分析學」；數學研究結構，就是「代數學」；數學解決實際問題，就是「應用數學」；數學與資訊結合，就是「離散數學」。這幾個領域，就是當代數學這棵參天大樹的幾個主幹。

作者的野心

這正是本書的內容。這本書的五個章節中，第一章是拓樸學（形狀），第二章是分析（變化），第三章是代數（結構），第五章是建模（應用數學與離散數學）。數學既然是一步推一步，根基是否穩固就很關鍵，這個部分穿插在第四章的基礎（數學基礎與數學哲學）。

由此可看到作者的野心非常宏大──他想要在一本小書中一網打盡介紹數學的各個主幹。這當然是不可能的，因此本書作者相當努力，在每一章中，盡量選取那些可以用口語解釋概念的主題材料。在解釋的過程中，盡可能貼近讀者的生活經驗，或是藉由各式各樣生活上的例子來讓讀者體會數學的概念。

要對一般讀者講解抽象的高等數學，細節與精確定義是不可能講清楚的。但是既然只抽離出概念，還是有機會在概念上讓讀者體會的。一個簡單的例子如下：三角形、橢圓、長方形、叉叉，這四個東西哪一個「看起來跟別人最不一樣」？很顯然就是叉叉，這個小朋友都能做。但這樣的直覺，就已經碰觸到拓樸學中的核心概念了，這正是本書第一章的第一部分要介紹的內容。所以很容易理解吧！讀者如果想學嚇人的專業術語，我來註解如下：三角形、橢圓、長方形是同胚的（homeomorphic），但是叉叉和它們不同胚。

書中有些材料作者介紹得非常精妙，即使以我專業數學家的眼光來看，都覺得眼睛一亮，比如對稱群、自動機、物理基本粒子等等。既然作者原來的想法就是用口語敘述介紹高層次的概念，讀者就不要有壓力，當作有趣的故事書來讀，會有驚喜的發現：重複圖案的壁紙本質上只有十七種、數學中不同的主義、連續與離散真的天差地遠……

未盡之言

最後再回到讓全班譁然的 Jordan Curve Theorem。到了研究所後我才知道為什麼這個定理這麼特別——這是平面獨有的一個特別性質。到了三維空間中的流形（manifold）事情就變得非常複雜，讀者可以查「Alexander horned sphere」看看有多詭異。至於什麼是「維度」和「流形」，可以看這本書的第一章……

我欣見這本書的出版，也佩服作者的宏觀與有趣的文筆，把數學某些本質層面藉由適當的選材呈現出來。但數學何其浩瀚，不管是哪個主幹，本書提及的材料都還只是很小的部分，茫茫數學大海，還有非常多新奇的事物。但囿於篇幅與主題限制，許多重要的領域本書沒有碰觸，是較為可惜之處。但這是我太苛求了，本書的視野和高度在數學科普書中是非常少見的，碰觸到的領域已經非常廣闊，足以讓讀者對數學有完全不

同的認識與體悟。

　　無論如何，希望本書能開一扇門，引領有緣的讀者或未來的數學家，體會當代數學的面向，從而進入數學的嚴肅、深邃與美麗。

不用數字，數學也可以非常有趣！

洪萬生

（臺灣數學史教育學會理事長）

本書作者開宗明義就說：「我們相信數學有趣、真實又有用（而且就是依這個順序）。」這個宣示是本書中數學家三大信仰的第一則，但已指出本書之旨趣！請注意喔：作者將「有趣」面向擺在首要位置，顯然意在強調即使「不用數字」，數學還是（可以說得）非常、非常有趣！

事實上，由於數學教育改革的主張都十分重視數學的「有用」面向，以便提升學生學習數學的積極動機。不過，這些有用的知識再怎麼融入「生活情境」，數學知識的獨特抽象性，還是很容易讓學習者卻步，而找不到繼續學習的動力。這或許可以說明何以在 108 課綱的教學脈絡中，數學遊戲（魔術）與摺紙會如此受到歡迎。這是因為這些「類遊藝」所涉及的數學知識活動，可以讓教育現場教師分享這些數學的「有趣」面向。

　　這一類活動所以有趣，還在於它會自然地展現數學知識所蘊含的驚奇（wonder），常常出人意表。作者貝克曼在本書中，以「無字證明」（proof without words）的方式，證明 $\infty \cdot \infty = \infty$，按最簡約易解的圖說一體，給了我們最大的驚奇。此外，他「改寫」數學大師康托爾（Georg Cantor）的「對角線證法」，僅僅使用文字（當然沒有數字！），就證明了「一條線（即使是有限長的線）上的點數一定比無窮更多」。這個定理也「啟示」我們：無窮概念可以區分等級，亦即有「無窮」（譬如 1, 2, 3 不停地數下去的「第一階」無窮），也有比無窮「更多」的事物（譬如直線等「連續體」〔continuum〕）存在。在這兩個例子中，論證毋須數字，過程簡約易解，然而，所推論得到的真理（truth）──在數學中，我們通稱為定理（theorem）──卻極為深刻，讓吾人感受極大的驚奇。

　　儘管作者強調「不用數字」，但如果讀者還記得若干中學幾何知識，那麼，他所提供的「關於圓的二三事」，就同樣地為我們展現不少「意在言外」的驚喜。試看其中第四則：「一片披薩的下半部只有這片的四分之一。」亦即，在半徑取半之後的下半部（小扇形），只有全部（大扇形）的四分之一。還有，第六則：「任意三點一定可畫出一個圓（直線也可視為半徑無限大的圓）。」面對這一則，先不管你是否還記得「外接圓」的概念，請儘管配合本書「拓樸學」內容深入想像，對於直線與圓之（敘事）連結，一定會有更深刻的感受才是。

　　這種有關直線與圓的思考，譬如看到它們「形狀」上的差異，通常與我們的直覺相符，也因此，中學（歐氏）幾何學就是「深化」這種吾人日常經驗的一門教育科目，以幫助我們可以更順利地適應外在的世界。不過，如果我們暫時「放縱」一下想像力，想像「直線也可視為半徑無限大的圓」這一句話究竟有沒有道理？還有，也請思考：當我們在討論形狀的「分類」時，本書作者竟然宣稱「在拓樸學中，正方形確實是圓形」，儘管他依然承認「在藝術或建築、日常生活，甚至幾何學中，正方形當然不可能是圓形。如果有一輛自行車的輪子是正方形，這輛自行車一定騎不遠。」

　　如果上一段這個怪異的「分類」讓你不安，那麼，就請你「暫時忘掉」你所學過的所有中學幾何，「回歸初心」──找回吾人最原初的「好奇心」，試想如果讓幼童參考現成的正方形與圓形，分別畫出正方形及圓形，你可以輕易認出哪個是哪個嗎？除非他或她事先經過訓練！對幼童來說，拓樸學的形狀意義比起歐氏幾何的形狀更加「根本」而容易掌握，這是認知心理學家皮亞傑（Jean Piaget）的傑出發現，值得我們面對「形狀」（shape）時，參考借鏡。事實上，作者在這個脈絡中，指出「項鍊用某種方式拿著就是正方形，換一種方式又變成圓形」等等，就是相當有創意的敘事比喻。

　　我希望上述的「驚奇」所引出來的「好奇」（intellectual curiosity），可以是閱讀本書或其他數學普及書籍「一直以來」

的心態。這是因為閱讀有趣的題材而引發的學習動力,始終是數學普及閱讀所著力的心智活動之連結。譬如說吧,作者在介紹數學的抽象性時,強調「我們對世界的理解(在最基本、抽象、初步層級)是建構在對象與對象之間的關係上。」事實上,「數學世界也是一樣,我們所做的一切都可透過這個基本關係來了解。」譬如,作者在本書拓樸學單元中所指出的形狀「相同關係」,以及分析學單元中所指出的「更大關係」等等,都是對數學的抽象結構所做的起碼說明,言簡意賅,有助於一般讀者對抽象數學的基本認識。

抽象數學結構如何建立?當然有賴於形式證明(formal proof)。數學理論一旦建立起來,再透過數學建模(mathematical modeling),就可以與我們的外在世界連結,而發揮其不可思議(或者不合理)的效用(unreasonable effects)。這是物理學家威格納(Eugene Wigner)為數學知識本質(nature)所做的重要釐清,也為數學的「真實性」(truthfulness)之論述,增添了不少柴火。儘管此說不無過度簡化數學知識演化過程之嫌,然而,卻是數學「有用」的最佳見證。

當然,數學作為工具面向的「有用」之前提,乃是數學家的三大信仰之第二則:「我們相信『數學證明』這個過程。我們相信證明得來的知識既重要又有力量。」至於第三則信仰則出自基本教義派數學家,他們相信:「植物、愛、音樂以及萬事萬物,(理論上)都能用數學來解釋。」作者顯然試圖在本

書的「基礎對話錄」中，提出他如何與這三則信仰對話，真心大白話，哲學立場無從掩蓋，而且也略顯生嫩。

不過，誰在乎呢？請參看他如何區別「拋物線」與「懸鏈線」：左手拋鑰匙類的小物品，再用右手接住，這個路徑是拋物線。把一條細繩掛在牆壁上兩點之間，則其曲線為懸鏈線。「電話線、沒有墜子的項鍊，以及絲絨圍欄帶等，無論什麼材質，都會形成相同的形狀（順便一提，這個形狀的方程式含有無理數 e。e 源自對於複利的研究，但複利與細繩懸掛的方程式完全沒有關係）。」

其實，只要看到他如此描述，我就認定他擁有相當高明的數學敘事能力，因此，我要大力推薦這本書！有鑑於拓樸學、量子力學以及相對論極有可能成為本世紀下半葉的公民基礎素養，我尤其希望有語文閱讀自信的讀者，一定要特別注意這一類數學普及書籍的問世，因為這攸關公民科學素養的必要選項。

數學家相信什麼？

我們相信數學有趣、真實又有用（而且就是依這個順序）。

我們相信「數學證明」這個過程。我們相信證明得來的知識既重要又有力量。

基本教義派數學家相信，植物、愛、音樂以及萬事萬物，（理論上）都能用數學來解釋。

建模

基礎

目次

拓樸學

形狀・流形・維度

分析

無窮・連續體・映射

代數

抽象・結構・推論

基礎

對話錄

建模

模型・自動機・科學

拓樸學
Topology

形狀
shape

流形
manifolds

維度
dimensions

形狀

數 學家通常都想很多，這是我們的習性。我們會分析對稱或相等這類大家都知道的基本概念，試圖找出更深層的意義。

形狀就是一個例子。我們多少都知道形狀是什麼。我們看到一個物體時，很容易就看得出它是圓形、方形還是其他形狀。但數學家會問：形狀是什麼？構成形狀的要素是什麼？我們以形狀分辨物體時，會忽略它的大小、色彩、用途、年代、重量、誰把它拿來的，以及最後誰要負責歸位。我們沒有忽略的是什麼？當我們說某樣東西是圓形時，看到的是什麼呢？

當然，這些問題沒什麼意義。就實際用途而言，我們對形狀的直覺理解就已經夠了——生活中沒有什麼重大決定是需要仰賴我們對於「形狀」的確切定義。但如果你有空又願意花時間來想一想，形狀倒是個很有趣的主題。

假設我們現在要思考了，我們或許會問自己這個問題：

　　這個問題很簡單，但不容易回答。這個問題有個比較精確和有限的說法，稱為廣義龐卡赫猜想（generalized Poincaré conjecture，或譯龐加萊猜想）。這個猜想提出至今已經超過一百年，目前還沒有人解答出來。嘗試過的人相當多，有一位數學家解出這個問題的大部分，因此獲得了 100 萬美元獎金，但還有許多種形狀沒有找到，所以目前我們還不知道世界上一共有幾種形狀。

　　我們來試著解答這個問題。世界上有幾種形狀？如果沒有更好的點子，有個不錯的方法是畫出一些形狀，看看會有什麼結果。

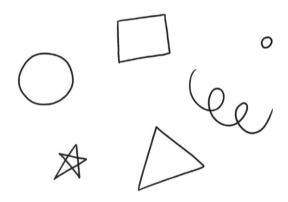

　　看來這個問題的答案取決於我們區分形狀的方式。大圓和小圓是相同的形狀嗎？波浪線（squiggle）應該全部算成一大類，還是應該依彎曲的方式細分？我們需要一種通用規則來解決這類爭議，才不用每次都需要停下來爭論。

　　可用於決定兩個形狀是否相同的規則相當多。如果是木匠或工程師，通常會希望規則既嚴謹又精確：必須長度、角度和曲線都完全相等，兩個形狀才算相同。這樣的規則屬於幾何學（geometry）這個數學領域。在這個領域裡，形狀嚴格又精

確，經常做的事情是畫垂直線和計算面積等等。

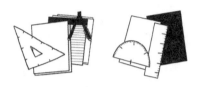

　　但我們的要求比較寬鬆一點。我們想要找出所有可能的形狀，但沒時間慢慢區分幾千種不同的波浪線。我們想要的是在比較兩個形狀是否相同時比較寬鬆的規則，它能夠把所有的形狀分成若干類別，但類別的數量又不至於太多。

新規則

如果一個形狀不需要剪剪貼貼，只要拉伸或擠壓就能變成另一個形狀，則這兩個形狀相同。

　　這個規則是拓樸學（topology）的核心概念，拓樸學就像是比較寬鬆模糊的幾何學。在拓樸學中，形狀以極薄且可無限延展的材料形成，像橡皮或麵團一樣，可以任意拉扯、扭轉和改變。在拓樸學中，形狀的大小並不重要。

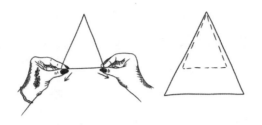

此外，正方形和矩形相同，圓形也和橢圓形相同。

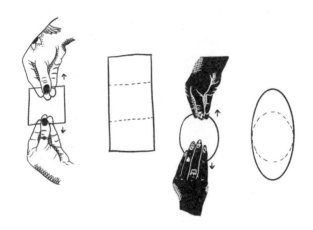

　　現在奇怪的事情來了！如果用這個「拉伸或擠壓」規則來思考，圓形和正方形也是相同的形狀！

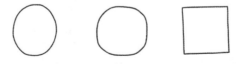

　　先別急著告訴朋友，我們看到有一本書上說正方形是圓形！別忘了：背景前提很重要。在**拓樸學**中，正方形確實是圓

形，但在藝術或建築、日常對話，甚至幾何學中，正方形當然不可能是圓形。如果有一輛自行車的輪子是正方形，這輛自行車一定騎不遠。

　　但現在我們研究的是拓樸學，研究拓樸學時，我們不用理會揉一揉就會消失的尖角這類小細節。我們會忽視長度和角度、直線邊或曲線邊或波浪邊等外表的差異，只看**形狀**的核心，也就是構成這個形狀的基本特徵。拓樸學家觀察正方形或圓形時，看到的是一個封閉迴圈，其他的都只是我們拉伸或擠壓它所形成的特徵。

　　這就像問：「項鍊是什麼形狀？」項鍊用某種方式拿著就是正方形，換一種方式又變成圓形。但不管我們怎麼改變，項鍊都有個不會改變的基本**形狀**，無論是正方形、圓形、八角形、心形、新月形、水滴形，或是七百一十六邊形。

這個形狀有許多不同的形式，所以不能稱為圓形或正方形。我們有時稱它為圓形，但在拓樸學說法中，這種形狀的正式名稱是 S^1。S^1 是項鍊、手鐲或橡皮筋、跑道或賽車場、護城河或國家邊界（假設沒有阿拉斯加）、字母 O 和大寫 D 的形狀，或是任何形狀的封閉迴圈。如同正方形是一種特定的矩形，這些形狀也都是特定的 S^1。

還有其他形狀嗎？如果這個拉伸和擠壓規則太過寬鬆，結果把許多不同的形狀通通歸成一個大類，這樣也不行。還好這個規則不會這樣，還是有其他種形狀和圓形不同。

例如線：

一條線可以彎成接近圓形，但是要變成真正的圓形，線的兩頭必須接在一起，但這樣不行。無論我們如何彎轉一條線，線的兩端一定各有一個點，形狀就到此為止，這兩個端點不能去除。我們可以任意移動和拉遠端點，但端點是這個形狀不變的特徵。

同樣地，「8」也是另一個不同的形狀。8 沒有端點，但中間有個特殊的交叉點，這個點有四條線向外延伸，而其他點則只有兩條線往外。無論怎麼拉伸和擠壓，都不可能使這個交叉點消失。

　　仔細想想，這個資訊已經足以讓我們回答「世界上有幾種形狀？」這個問題。答案是無限多種，以下是我的證明：

證明

　　我們觀察一下這組形狀。如果在原本的形狀上畫一筆，就會生成新的形狀。

　　每個新形狀都比前一個形狀有更多的交叉點和端點，所以一定是不同的新形狀。如果一直添加下去，將會得到無限多個不同的形狀，因此形狀有無限多種。

故得證

　　這樣可以接受嗎？我們要做的只是找出這樣一組無限多種形狀，而且它顯然能永遠不停地生成新形狀。

　　這樣應該也可以：

　　或是這樣：

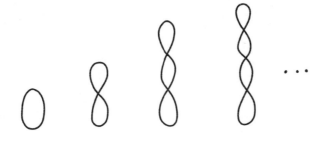

　　這樣也可以：

　　不過無論我們如何證明，基本論證都是一樣的。如果我們要證明某種事物有無限多個，就舉出某個系統化過程可以持續不斷生成新的這種事物。這個方法稱為無限族系（infinite family）論證，在數學中要證明某種事物有無限多個時，經常採用這種方法。我認為這種方法很有說服力，因為我看不出別人可以怎麼反駁。如果一種事物能永久生成下去，那它一定有無限多個。

　　不只我這麼認為，整個數學界都認可無限族系論證是有效的數學證明。類似的證明技巧很多，相同的論證可以用在不同的地方，用來證明不同的事情。經常研究數學的人會發現同樣的論證模式一再出現。我們對於嚴謹的證明方法都（大多）有共識。

　　如果你接受這個證明方法，我們現在已經解答了「世界上有幾種形狀？」這個問題。答案是無限多種。這個答案不算很有趣，但就是這樣。問題一經提出，行動規則也確立之後，答案就已經確定，只需要把它找出來而已。

　　我們想問的第一個問題不一定能讓我們找到最有趣或最具啟發性的答案。遇到這種狀況，我們可以放棄這個問題，另尋出路，或者提出另一個更適合的問題。

流形

世界上需要研究的形狀太多，所以拓樸學家只注意最重要的幾種。「流形」（manifold）聽起來好像很難懂，但真的很簡單，其實我們就生活在流形上。圓、線、平面、球面這些流形都是平滑、簡單且均勻的形狀，在數學和科學研究實體空間時扮演著重要的角色。

這些形狀都很簡單，所以你可能會認為現在已經全都找到了，但其實還沒有。拓樸學家覺得這件事相當難堪，所以拿出一百萬美元，鼓勵大家努力去找。這是拓樸學中最重要的未解難題，一百多年來讓這個領域的專家沉浸其中也傷透腦筋。

世界上有幾種流形？

更精確地說應該是：

　　重點不是算出流形有幾個，而是找出所有的流形，加以命名，並且區分成不同的種類。我們要為所有可能存在的流形編寫一本圖鑑。

　　流形究竟是什麼？可以歸類為流形的規則相當嚴格，大多數形狀都不符合這個規則。

新規則

　　一個形狀必須沒有端點、交叉點、邊緣點和分支點等特殊點，而且任何位置都是如此，才能稱為「流形」。

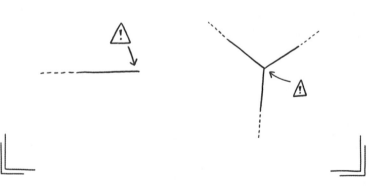

上一章中的無限多種形狀立刻全部出局。那些多畫一筆就生成新的形狀的，或是星形，全都不是流形。因此「有幾種？」這個問題立刻就有了答案：流形的數量可能是明確的有限數字，我們必須找出這個數字。

這個定義也不限於我們研究過的平坦的線框形。流形可能由片狀或團狀的材料構成。我們生活的宇宙可能就是三維流形，但也有人認為宇宙有實體邊界，整個宇宙就到這個邊界為止，或是以某種方式逆轉。

但我們目前只研究線框形，也就是用線（string，弦）或迴紋針可以做出的形狀。在拓樸學中，我們說這些形狀是一維（one-dimensional），即使它們所在的頁面是二維的。重要的是構成形狀的材料。

那麼，弦可以構成哪些流形？選擇就沒那麼多了。我們想得出的弦形大多有特殊點。

怎麼扭轉、捲曲和轉彎都沒關係，因為這些都可以拉平。真正的問題是端點。我們該怎麼消除端點？

　　弦流形只有兩種。如果不知道是哪兩種，現在可以花點時間想像一下，再來看答案。

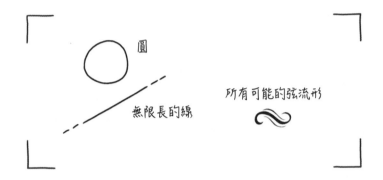

　　圓（又稱為 S^1）和無限長的線（稱為 R^1）是第一維度僅有的兩種流形。為了避免出現端點，只能回到起點或無限延伸。另外也別忘了，在拓樸學中，所有形狀都可以任意拉伸，所以這兩者不只是圓形和直線，而是包含所有封閉迴圈和兩端無限延伸的形狀。

　　這是維度一。還不錯！看得出來我們的搜尋範圍已經縮小很多。「有幾種形狀」這個問題範圍太大太廣，但這個問題似

乎可以處理，至少目前是如此。準備好進入下一個維度了嗎？

　　在維度二中，我們要找的是以片狀材料構成的流形。別忘了，最重要的是材料！在我們看來，這些形狀大多是三維的，但它們是以二維材料構成，重點就在這裡。

　　因此問題來了：片狀材料可以構成哪些流形？我們要找的目標的任何一點都是片狀的，沒有到此為止的邊緣或斷面。還記得我說過我們都生活在流形上嗎？地球表面是球面（sphere），而球面就是二維流形。

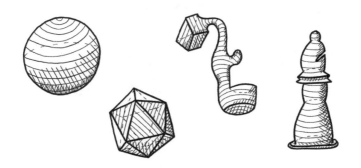

　　「球面」經過拉伸和擠壓後，可以涵蓋立方體、圓錐、圓柱等各種各樣的封閉表面。不過表達的時候要特別小心措辭！在數學中，「球面」指的是空心的表面，而「球」則是實心的球體。球是三維（由團狀材料構成），所以暫時可以不管它。

　　這種一般球面形稱為 S^2，它看起來比圓（S^1）高一個等級，所以這樣命名相當合理。我們可以用同樣的方式找出下一個片狀流形（sheet-manifold）。把無限長的線增加一個維度，結果就是無限大的平面。

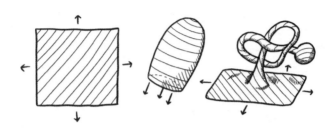

這個形狀稱為 R^2，包含各種能把空間分成兩個無限區域的無限平面。

讀者們知道為什麼有些人認為地球是平的？在拓樸學上而言其實是合理的。流形沒有特殊點，所以如果進入「街景檢視」模式，每個點對另一個點而言都是一樣的。流形或許會有彎曲，但位於流形上的觀察者本身如果很小，就不會注意到彎曲。如果一直生活在片流形上，感覺會像生活在平面上一樣。

除了這兩者之外，片流形還有很多。維度增加了，移動的自由度也越高。我們可以用沒有對等的弦形狀的二維材料構成新的流形。

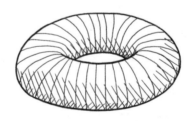

中空的甜甜圈是流形。甜甜圈的中央有個洞，無論怎麼拉伸和擠壓，這個洞都不會消失，所以甜甜圈一定是新的流形。但這個洞相當古怪：它沒有實際存在的邊緣。在紙上打出來的

洞會形成一圈特殊點，但甜甜圈的洞比較微妙，必須從外部才看得到。如果生活在甜甜圈狀的行星表面朝四周觀察，絕對不會發現有個洞。以局部而言就像生活在球面或平面上一樣。

這種新的流形稱為環面（torus），又稱為 T^2，包含各種有一個平滑孔洞的形狀。

片流形並非只有這些，它還可以形成雙環面：

所以接下來當然還可以形成三環面、四環面……等等。環面可以有無限多種。

　　好，所以流形的數量並沒有一個明確的有限數字。沒關係，我們不用算出流形的總數也能全部找出來。現在我們要把流形分類，列出所有可能存在的流形清單，清單中有好幾個無限族系也沒關係。無限多在抽象數學中相當常見，所以我們也只好這樣。

　　信不信由你，第二個維度其實還沒結束，片狀材料還可以構成其他流形。

　　不過有個小問題。我接下來要介紹的片流形非常奇怪。我先講它的名稱叫做實射影平面（real projective plane），但我沒辦法說明它的樣子，因為我也不知道它是什麼樣子。沒有人知道它是什麼樣子，因為它不存在於我們的宇宙，也不可能存在。

　　理由是這樣的：它至少必須有四個維度才能存在。任何形狀無論由什麼材料構成，都會有一個可讓它實際存在的最低維

度。平面可以存在於兩個維度中，球面必須有三個維度，而實射影平面則需要四個維度。

那我們又怎麼知道它確實存在？我先說明一下。

想像有一個圓盤，圓盤是實心的圓。圓盤以片狀材料構成，但由於圓盤邊緣的點，所以不是流形。不過如果有兩個圓盤，就能沿著邊緣小心地把兩個圓盤縫合在一起，構成完全沒有邊緣的形狀，讓這兩個圓盤成為一個流形。

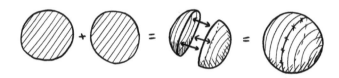

在這個例子中，產生的流形是球面，但我們已經很熟悉球面，所以其實幫助不大。但這個基本概念很有用：我們可以把兩個有相同邊界的近似流形縫合在一起，形成真正的流形。

現在想像我們有一條扭轉一次（半圈）的細長片狀材料。這個形狀看來似乎有兩個邊界，但因為有扭轉，所以其實只有一個邊界。如果用手指沿著邊緣滑過，手指會繞過上方和下方之後又回到起點。

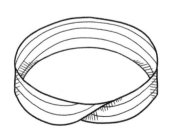

　　我們的計畫是這樣的。圓盤的邊界形狀類似 S^1（圓）。而這個扭轉長條的邊界形狀也類似 S^1。我們把這兩者縫合起來，形成新的流形。

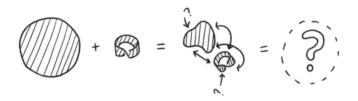

　　如果試著在腦子裡想像或動手模擬，很快就會碰到問題。圓盤必須先扭轉再穿過本身，這樣根本不可能（因為沒有特殊點），但如果有四個維度就沒有問題了。

　　怎麼會這樣？我們先想想「8」這個形狀。如果在平面的紙上畫個8，它會和本身交叉，但如果我們把其中一條交叉的線移開頁面，放到第三個維度中，8 就不會和本身交叉。接著再想一次這個過程，但增加一個維度。在三維中，我們剛剛產生的奇怪扭轉流形會與本身交叉，但如果可以把它「提升」到第四個維度中，就能產生完美、平滑、不會互相交叉的片流形。

　　這很神奇吧！它是實射影平面，簡寫成 RP^2，在許多方面相當獨特又難以理解。球面和環面有內外兩面，但實射影平面只有一面，從內扭轉到外。如果在球面或環面寫上字母 R，然後在這個空間中任意滑動，回到原處時看起來仍然是 R。但如果在實射影平面上滑動字母 R，回到原處時看起來會變成 Я。

　　但它確實是流形而且符合所有規則，所以必須加入清單。因此清單中有球面、平面、各種環面以及實射影平面，就這樣而已嗎？

　　當然不是。實射影平面還包含無限多種變化多端又難以想像的空間。前面提過兩個環面可以結合成雙環面，同樣地，兩個實射影平面也可以結合成新環面，稱為克萊因瓶（Klein bottle）。克萊因瓶也只能存在於四個維度中，才不會和本身交叉。接下來，三個、四個和更多實射影平面也可以結合起來，形成無限多種扭轉的奇異空間。

　　所有可能存在的片流形清單總算全部列完了（＊）。

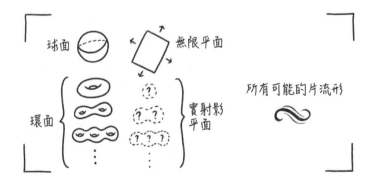

　　好的，準備好進入下一個維度了嗎？其實我也還沒準備好。下一個維度是團狀材料構成的流形。這類流形就算是最簡單的也無法想像，例如截面是球面的超球面（hypersphere）S^3，所以我們就別去傷腦筋了。

從這裡可以看出，如何分類所有的流形可能是史上最困難的未解數學問題。令人驚訝的是我們對它所知極少。我們不是到維度十才無法分類，而是很早就停下來了。除了剛剛介紹過的兩個維度之外，可說處處都是問號。

數學界現在已經相當了解第三個維度，也就是團流形，但已經花費了一百年和百萬美元獎金，而且還沒有像低維度那樣簡潔明晰的分類。在維度五和以上，拓樸學家藉助割補理論（surgery theory）這套方法來運算流形和構成新的流形。

這樣一來只剩下維度四了。

我很想為讀者介紹維度四，但我不確定世界上有誰真的懂。維度四正好是不上不下的尷尬狀況，要畫圖說明時維度太多，但要用複雜的割補工具來處理時維度又太少。有些教科書專門介紹我們對四維流形僅有的些許理解，而且我通常只看得懂最前面幾頁。一位拓樸學家曾經告訴我，她念研究所時曾經想研究四維流形，但指導教授建議她另找題目。

這點真的很奇怪，因為許多物理學家認為，最好的宇宙研究方法是以時間當作第四個維度，把宇宙視為四維流形。如果他們說的沒錯，拓樸學家就更必須好好研究維度四。我們不只不知道宇宙的形狀，而且在我們完成四維流形的分類之前，宇宙或許都會是我們從未想到的形狀。

維度

數學家研究第四維度時，講的不是時間，而是和前三個維度一樣的第四個幾何維度。這四個維度是上下、左右、前後，還有（隨便講的）「哇嗚」。

反正就是**另一個維度**。

只要觀察一下四周，就可看出世界上只有三個空間維度。請不要太快接受我的說法，先看證據。如果要把一個馬鈴薯切成小丁，我們必須用刀子沿三個不同的方向切割。

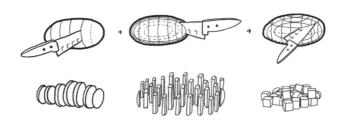

現在換個方式來講：假如我們只能朝兩個方向移動，大部分空間都將無法到達。兩個方向只能構成一個活動平面。

但如果加入第三個維度，就能在空中自由飛翔了。必須有三個方向才能構成三維空間。

接著再來一個提示：假設有個已知容量和形狀的容器。如果我們做出尺寸正好放大到兩倍的複製品，容量將是它的八倍，因為每個維度都是兩倍。

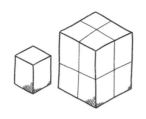

既然世界上只有三個維度，研究純屬想像的第四個維度又有什麼用？為什麼不直接把三維流形分類完畢就算結束？我可以列出兩個答案，第一個答案來自純數學家，第二個答案來自應用數學家。

對純數學家而言，這個疑問沒有抓到重點。我們分類流形不是為了**有用**，只是想知道世界上有幾種可能存在的不同形狀！我們不需要把自己侷限在這個捉摸不定的世界。數學是一

般的、普遍的，不是由印象構成的。世界上只有三個維度，所以呢？我們只有十隻手指，難道就不能算大於 10 的數字嗎？

片流形清單早在我們列出之前就已經存在，即使人類文明毀滅許久之後，它仍然是完整的片流形清單。如果因為這件事**沒有用處**而無法激發我們想知道更高維度中有哪幾種流形，代表我們本來就沒有理由要研究這些。

接著應用數學家出現，把拓樸學變得有用，因此打破了一切。

出乎意料的是，了解拓樸學中的流形在許多時候相當有用。沒錯，連高維度流形也很有用！雖然這不是拓樸學出現的原因，也不是現在有許多人研究它的原因，但在分析真實世界的許多面向時，拓樸學的語言和工具相當好用。

拓樸學之所以有用，是因為人類喜歡藉助視覺思考，所以我們經常藉助視覺化比擬（visual analogy）來協助我們理解抽象概念。日常語言中的視覺化比擬非常多，連我們都察覺不到自己正在使用。例如專案正在「邁進」、房租「升高」，以及許多主張在「原地打轉」等等。我們說出這些比擬時，就是把實際問題轉換成拓樸學問題。

就拿政治為例。政治思想相當複雜，很不容易以簡單明瞭的方式比較兩個人的想法。為了簡化起見，我們經常以左派和右派衡量政治思想，進步、開明、平等屬於左派，傳統、保守、自由意志屬於右派。

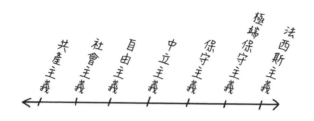

　　這種方式不算完全貼切，卻是相當有用的視覺化比擬。現在我們可以用基本的視覺化方式來提出困難又多面向的問題：「哪類人在勞工權益方面比較左派？」當然這其中捨棄了許多細節，真實世界不可能像抽象的拓樸學世界那麼簡潔單純，但保留了許多重要關鍵。

　　我們建立這樣的視覺化比擬之後，就能運用拓樸學的所有語言和工具。讀者可能想知道最適合用來呈現這套方法的是哪種空間，是圓還是無限長的線？換句話說，意識形態是循環的，還是可以一直朝左右延伸？其中有特殊點嗎？有沒有真正的「極左」和「極右」，所有的人都位於兩者之間？

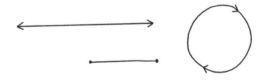

　　或許我們應該認為政治意識形態不只是左右派，而應該有更多維度。有些人說自己在社會方面是自由派，但在財務方面是保守派。這表示意識形態的空間至少有兩個維度。如果確實如此，我們面對的又是哪種二維流形？是兩個軸都朝兩端無限延伸，像平面一樣？是一個軸不斷繞圈，形成無限長的圓柱？

還是兩個軸都不斷繞圈，像環面一樣？（好吧，兩個軸應該不會像環面一樣都不斷繞圈。）

這些疑問可能不只是有趣的好奇而已。如果你有個研究目標是跟人的意識形態有關，例如預測民眾的投票結果，或是想尋找某個公投提案的支持者等，那麼建立適當的意識形態空間模型就是很重要的工具。政治活動經常用民意調查來評估選民在意識形態空間中的分布狀況，再藉助這些模型打造要釋放的訊息，以便贏取選票。政治科學家已經找出通用方法，藉助立法者的投票紀錄來預測他們未來如何投票。這種方法的運作方式就是把每一位立法者放到二維的意識形態空間中。

這是流形分類運用在數學領域以外的例子。我們只需要解決抽象的數學問題一次，以後隨時都可以運用視覺化比擬來探討問題，供我們選擇的空間清單永遠相同。

這一點我必須一再強調：我們**隨時都在**使用視覺化比擬。溫度的升高和降低；收入高、低或衝破天際。十二月原本還很遠，接著越來越接近，然後飛快地通過，最後到我們背後。這些慣用說法都是以某個點在概念空間中的位置來表達某個系統的狀態，再以空間中的實際運動來描述這個系統的變化。

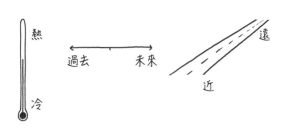

　　這些例子都是一維的，但我們還可以提出其他有趣的拓樸學問題。溫度是否能永遠朝兩個方向延伸，還是有絕對的冷或熱存在？時間是否能永久延續下去，還是會發生「大崩墜」（Big Crunch）？還是時間會逆轉回來，只要等久一點，我們就會回到遙遠的過去？

　　探討比較複雜的概念時，我們必須用到較高維度的流形。沒錯，我們鮮少需要用到這些比較高階的流形，例如實射影平面、三環面，或是維度四中那些還沒有發現的瘋狂流形等（物理學中有時會出現這類流形，但就我所知也僅止於此）。我們日常生活中看到的系統大多能以線、平面、三度空間等基本簡明的空間描述。在這些例子中，我們想理解一個系統時，主要的拓樸學問題就是：「它有幾個維度？」

　　這就是各個論述領域中許多爭議的根本問題。我們現在有一點概念了，我們會問：它有幾個維度？

　　當我們說性別不是二元而是光譜（spectrum）時，就相當於提出拓樸學主張，認為性別空間是一維（一條線），而不是零維（兩個分離的點），也可能認為它是維度更高的空間，男女軸線只是眾多差異軸線中的一條。關於要採用哪個概念典範的問題，有時可以歸納成維度的問題。

　　現在，我想用這一章剩下的篇幅介紹幾個概念空間的例子，同時研究它們可能有幾個維度。

　　我們先從人格開始。每個人當然都有不同的人格，人格可以互相比較，也可能在各方面逐漸改變，我們或許會想以視覺

化比擬來說明。那麼人格的維度是什麼？我們該怎麼把人格分解成各個要素？

可供選擇的人格模型很多，分別來自不同的學派、用於不同的目的，並且以不同的方式評量。比較常見的模型是邁爾斯—布里格斯（Myers-Briggs）人格測驗，這種測驗採用四條軸線，分別是外向—內向（extroversion–introversion）、實感—直覺（sensing–intuition）、思考—情感（thinking–feeling）和判斷—感知（judging–perceiving）。比較不為人知但學界比較偏好的模型是五大人格特質，又稱為 OCEAN 模型。這個模型有五個維度，分別是經驗開放性（openness to experience）、盡責性（conscientiousness）、外向性（extroversion）、親和性（agreeableness）和神經質（neuroticism）。此外還有占星術。占星術的核心是十二個有點鬆散的人格類型，每個類型展現在不同的人身上的方式和程度都不一樣。我猜有人會說它應該算是十二維度空間。

其中哪些模型是正確的？全都不正確，至少不完全正確。就我所知，人格太複雜，就算十二個維度也沒辦法完整描述。如同政治意識形態一樣，我們本來就不期望找到完整的描述。我們只想取得基本訊息，這樣才有共同的概念來探討和比較人格。

沒有一種模型完美無瑕，每個模型都可能由不同的人以不同的理由和不同的方式運用。舉例來說，某些廣告主以 OCEAN 模型設計網際網路定向廣告，對個性比較盡責的觀眾

介紹產品時採取某種方式，對個性比較不盡責的觀眾則採取另一種方式。就這個目的而言，這個模型顯然相當有效，但如果我們對人格的興趣不是要預測人們的購買行為，當然就應該採用其他的模型。

需要一提的是，這些模型的維度都超過三個，但這不是問題。如果有不錯的三維模型，就能以實體三維空間中的點來代表每個人。當然，四維或更多維度時沒辦法這麼做，但即使無法在心中描繪出 12 個維度的空間，還是可以想像它代表的意義。

以下是個更簡單的例子，就稱它為龍頭空間吧。標準水龍頭的所有可能設定構成的空間是什麼？

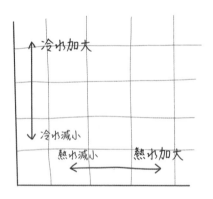

答案是二維空間。我們選擇熱水量和冷水量，這樣就能完整描述水龍頭的設定。對這類系統而言，維度數量與刻度盤或控制裝置的數量相同。因此，維度有時又稱為「自由度」。

不過等一下，還有一種方法可以劃分水龍頭空間。有些水龍頭不是兩個分開的轉把，而是一個把手。把手的上下控制水量，左右控制溫度。

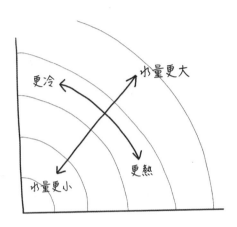

這種水龍頭的龍頭空間和雙轉把水龍頭相同，因為兩者可能進行的設定完全相同，只是以不同的方式達成同樣的效果。如果想單獨描述某個設定，可以指定熱水量和冷水量，也可以指定總量和水溫。無論採取哪種方式，都有兩個坐標，所以是二維空間。

再來個居家常見的例子。我搞不懂我們家的吐司烤箱為什麼有三個旋鈕。就我所知，我能控制的變數只有兩個，一個是溫度，另一個是機器發出叮聲所需的時間。這樣應該是二維空間，那為什麼有三個旋鈕？烤、炙燒和烘焙又有什麼不同？

既然已經到了廚房，我們就來聊聊烘焙。每份食譜都會指定麵粉、奶油、蛋等材料的用量，接著是烤箱溫度，最後是烘

烤時間。因此我們可以把一份完整食譜視為高維度空間中的一個點，每個軸對應一項成分。我們修改食譜，添加更多可可粉時，就是把食譜點沿可可粉軸向外移動。我們提高烤箱溫度時，就是沿溫度軸向外添加一個新的食譜。

在這個拓樸學模型中，絕大多數的點代表的食譜都非常難吃，例如 4 公升泡打粉加一個蛋之類的。烘焙技藝可以想成在這個空間中嘗試不同的點，找出好吃的食譜。這個烘焙空間中有一塊區域稱為「餅乾」，另一塊區域稱為「蛋糕」，「蛋糕」中又有一塊較小的區域稱為「磅蛋糕」。當然，除了成分清單之外，烘焙的變數還有很多，例如奶油加入時的軟度，或是麵糊究竟什麼時候放進烤箱，以及放在什麼樣的烤模等等，但可以想像，我們或許可以再加入這些維度，最後得到非常複雜的烘焙模型拓樸空間。

現在我們或許可以理解，為什麼有些硬派數學家認為整個世界就是一個龐大的數學問題。如果我們可以用基本數學概念大致模擬複雜的概念，說不定只要稍微擴充一下現有的模型，就能以數學完整地描述萬物？

接著再舉三個簡單的例子。我們知道味覺有五個維度，分別對應鹹、甜、苦、酸和鮮五種味蕾。如果確實如此，那麼我們嘗過的每種風味都是一些鹹味加上一些甜味再加上其他各種味道。這麼說感覺有點無趣又掃興，但另一方面，這也充分展現出五維空間有多麼寬廣。

此外，說某種風味是這個空間中的一個點也不完全正確。

我們咬下一口墨西哥夾餅時，嘗到的不是單一的味點，而是一連串迅速變化的滋味，所以比較正確的說法是把每種風味當成滋味空間中的路徑，因此即使只有這五種基本味覺，我們也能有更大的空間尋求新風味。還有，雖然人類的聽覺只有一個變數（音高，也就是頻率），我們仍然不斷創造美麗的新方式，以幾分鐘的時間悠遊於音高的空間。

　　色彩有三個維度。我們小時候應該都已經學過，但不是以維度表達。每種色彩都是以不同比例的三種原色構成。我們很早就知道色彩空間是三維的，但不知道原因：人類的眼睛有三種色彩接受器，每種接受器感應不同頻率的光。紅錐狀細胞出現一些反應、綠錐狀細胞出現一些反應、藍錐狀細胞也出現一些反應，在三維的色彩空間中形成一個點，也就是色彩。

　　因此電腦程式裡的色彩選擇器有三個控制維度。有時是紅、藍、綠三個滑桿，有時是色相（hue）、飽和度（saturation）和亮度（brightness）。有時候是二維的色盤加上一個亮度滑桿。它和龍頭空間一樣，坐標有好幾種選擇，但涵蓋的色彩空間完全相同。維度有個很大的優點，就是無論我們選擇哪種坐標系統，每個空間的維度數都是固定的。

　　最後這個例子最為奇特。一如預期地，真實世界中的空間大多屬於基本且沒有封閉迴圈或扭轉的平坦空間。比較奇特的流形被視為出於好奇，拓樸學家純粹為了找出所有同類流形才研究它們。但後來許多人開始了解，實體宇宙或許就是這類奇特的空間。

　　我們看得出來，實體空間有三個維度，時間則有一個維度。在某些物理學領域中，必須把這些概念融合在一起，成為時空。我們跟朋友約碰面時必須指定時間和地點，物理學家則是以四維坐標標定時空中的事件。你或許會認為時空是標準的四維空間，每個維度都是直線，但其實不是如此。至少當我們試圖把時空當成標準四維空間時，預測結果完全不準。

　　如果時空像環面或實射影平面一樣是彎曲或扭轉的空間，那麼我們試圖把宇宙視為一個整體時，對真實世界的直覺將會完全失效。宇宙可能有限大但沒有邊界，就像球面一樣。它可以任意擴大，但不會有結果。大霹靂（Big Bang）之前可能真的什麼都不存在，就像北極以北什麼都沒有一樣。關於時間旅行是否可能或讓我們從某一點立即到達另一點的蟲洞是否存在的問題，或許取決於我們究竟生活在什麼樣的空間之中。

　　當然，拓樸學家對這個「應用數學」的無聊問題不會有興趣，他們只想找出所有的形狀。

月亮和太陽的數學

如果你知道哪邊是東邊，也知道太陽什麼時候升起和落下，就能藉由角度算出時間。

滿月一定不會出現在白天。新月一定不會出現在晚上。上（下）弦月出現在白天和晚上的時間各一半。

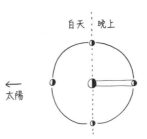

從地球來看，月球的距離大約是 100 個月球，太陽的距離大約是 100 個太陽，所以它們看起來大小差不多。

正多胞形

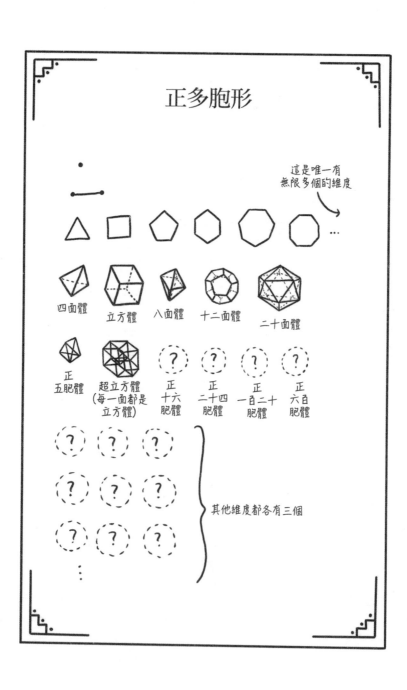

這是唯一有
無限多個的維度

四面體　立方體　八面體　十二面體　二十面體

正
五胞體　超立方體
（每一面都是
立方體）　正
十六
胞體　正
二十四
胞體　正
一百二十
胞體　正
六百
胞體

其他維度都各有三個

關於圓的二三事

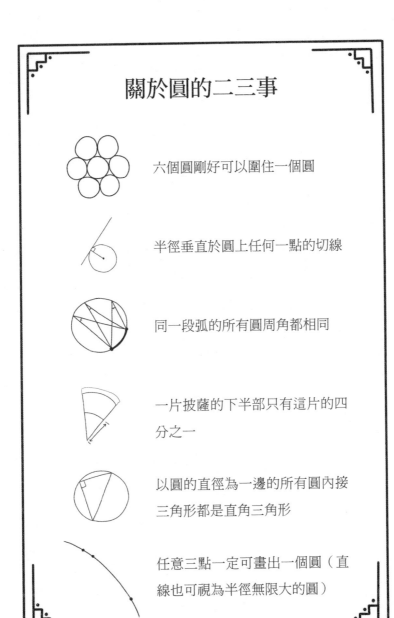

六個圓剛好可以圍住一個圓

半徑垂直於圓上任何一點的切線

同一段弧的所有圓周角都相同

一片披薩的下半部只有這片的四分之一

以圓的直徑為一邊的所有圓內接三角形都是直角三角形

任意三點一定可畫出一個圓（直線也可視為半徑無限大的圓）

分析
Analysis

無窮
infinity

連續體
the continuum

映射
maps

無窮

我們都知道無窮（infinity）是什麼。無窮比任何數都更大。當你從一二三不停數下去的時候你會靠近它。它也是萬物甚至更多事物的總和。

我們談到無窮時，一定會想知道一件事：

世界上有什麼事物比無窮更大？

這個問題其實真的有答案。它不是開放性問題，也不是陷阱題。答案不是「是」就是「否」，而且我會在這一章的結尾公布答案。

讀者可以先猜猜看，但我們或許應該先訂好遊戲規則，讓大家知道該怎麼思考。

具體說來，我們需要訂定關於「較大」的規則。我們要怎

麼確定自己發現了比無窮更大的事物？如果是有限的量，要分辨某個事物比另一個事物更大相當容易，但碰到無窮時似乎就沒那麼簡單了。我們不希望完全靠感覺判斷，所以必須選擇簡單明瞭的規則，用來判定一個量是否比另一個量「更大」。

那麼，在一般、有限的狀況下，我們通常怎麼判定「較大」？我們說右邊這一堆比左邊的更大是什麼意思？

沒錯，用看的就知道。但假設我們遇到一個外星人，這個外星人從沒聽過「更大」、「更多」、「更好」這些概念，我們該如何解釋右邊這堆較大？真的，試試看就知道。這個概念太基本了，其實很難從頭開始解釋。

當我們碰到困難時，數學中有個常用的技巧，就是提出完全相反的問題，看看會有什麼結果。我們要怎麼跟外星人解釋這兩堆的大小相同？

　　我們不能用「相等」這個詞，因為它正是我們要去解釋的東西。這個外星人想了解我們說兩樣事物「相等」或「相同」時是什麼意思，以及它的主要概念是什麼。

　　有個方法行得通。把兩堆東西並排起來，一個對一個。如果兩兩配對後正好用完，沒有剩餘，表示這兩堆東西大小相同。

新規則

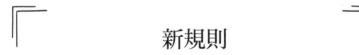

兩堆東西如果正好兩兩配對，沒有剩餘，則兩者大小相同。

　　「提出相反問題」的技巧確實有用。只要把這個規則反轉過來，就能得到「較大」的定義。

新規則

兩堆東西如果無法正好兩兩配對，則有剩餘的一堆
「較大」。

現在問題已經定義清楚了，答案也隨之確定。那麼，世界
上有什麼事物比無窮更大？答案是「是」還是「否」？世界上
有什麼事物和無窮兩兩配對之後還有剩餘？現在我們可以思考
之後猜猜看。

我們可以把無窮想成一個深不見底的袋子，裡面裝著無限
多個物體。

我們可以從這個袋子裡拿出任意數量的物體，袋子裡也還
剩下無限多個。

　　世界上怎麼可能有其他事物比它更大？好吧，如果是無窮
加一呢？

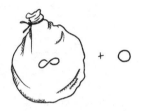

　　多一個物體看來應該不會對無窮造成什麼影響，但我們用
配對規則來確認看看。首先，我們可以把無窮袋中的物體排成
一排，這樣比較容易看清楚哪個跟哪個配對。

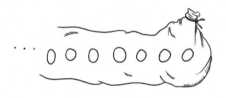

　　如果我們以最顯而易見的方式配對，無窮加一看起來當然
更大。

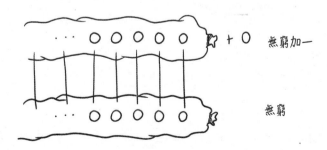

不過要小心！規則指出，兩個事物必須無法正好兩兩配對，才會有一者較大。（最好經常回頭看清楚規則！）還有一種配對方法確實可行，而且兩方都不會有剩餘：

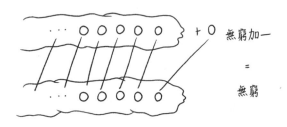

如果你覺得這樣好像在騙人，請花點時間告訴自己，這樣真的沒錯。我們不是把一個物體跟點點點配對，而是把它跟隱藏在點點點中的下一個物體配對。既然兩個袋子都有無限多個物體，不會有物體配對不到，所以兩者大小相同。無窮加一等於無窮！

我來講個故事說明這個結果有多奇怪。

假設我們在一家非常特別的「無窮大飯店」當櫃臺接待人

員。無窮大飯店有無限多間房間。飯店裡有條長長的走廊，沿著走廊有一排房門，連綿不絕地延續下去，無論走多遠都不會結束。走廊沒有盡頭，所以也沒有「無窮號房」或「最後一號房」。當然有一號房，每間房間也都有下一號房。

今天晚上格外忙碌，飯店裡每間房間都住滿了（對，這個世界裡有無限多個人）。如果沿走廊隨意走一段距離，選一扇門敲幾下，就會聽到：「有人！請勿打擾！」無限多間房間，裡面住著無限多個人。

接著有人從外面走進飯店大廳說：「請問還有房間嗎？」我們不是第一天在無窮大飯店工作，當然知道該怎麼做。我們拿起廣播系統麥克風說：「各位來賓，抱歉打擾一下，請各位來賓搬到下一間房間。沒錯，請收拾好行李，走出房門，朝遠離大廳的方向搬到下一間房間。謝謝合作，祝您有個愉快的夜晚。」大家都照做之後，就有房間給新住客了。

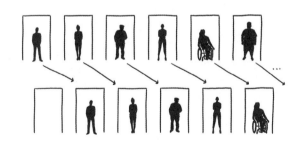

無限多間房間，無限多加一位住客，房間跟住客依然正好兩兩配對。無窮加一等於無窮。

無窮加五、無窮加一兆⋯⋯都沒關係，這個邏輯全都成

立。兩個袋子可以正好配對，可以多裝進一位客人。無窮非常大，任何有限的量根本沒得比。所以我們還沒有找到比無窮更大的事物。

那麼無窮加無窮呢？兩個無窮袋可以和一個無窮袋正好兩兩配對嗎？

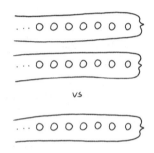

這次我們沒辦法「移過去」了。要讓這兩者正好兩兩配對，需要新的手法。也說不定這兩者真的不可能正好兩兩配對，那麼我們就找到比無窮更大的事物了。你覺得呢？

無窮大飯店也遇到相同的問題。我們在櫃臺值班，飯店已經客滿。走進大廳的不是一位新住客，而是一整群無限多位住客，全都需要房間。我們應付得了這些住客嗎？無窮加無窮和無窮相同嗎？

同樣地，相同的手法這次不管用了。我們怎麼可能要住客往後退無限多間房間？連一號房的住客也不知道該搬到哪裡，因為沒有「無窮加一號房」。

這個問題有辦法解決嗎？

有，方法是這樣的。我們再度拿起廣播系統麥克風。「各位來賓，抱歉打擾一下。是否可以請一號房的來賓移到二號房、二號房的來賓移到四號房、以下每位來賓都移到距離大廳兩倍遠的房間？」

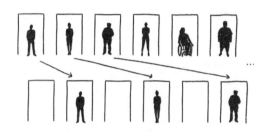

每位住客仍然有房間，而且神奇的是，把原本的住客分散開來之後，又空出無限多間房間給新住客。如果房間有號碼，現在所有奇數號房都是空的。

在袋子世界裡的分散方式是這樣的：

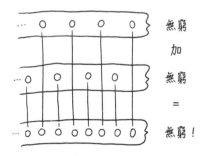

　　讀者或許會覺得這有點誇張。我也承認這樣確實有點違反直覺，但如果真的要研究無窮，就必須質疑自己的直覺。我們很可能會得出許多奇怪又違反直覺的結果，例如無窮等於無窮的兩倍。這類證明方式相當奇怪，所以許久以來數學家一直拒絕研究無窮，甚至現在還有很多數學老師說無窮不是數，它不是真正的數學。

　　但這就是真正數學的奧祕：只要事先訂定規則，天下萬物都可以研究。只要清楚無窮的意義，也願意接受某些可能相當怪異的結果，就可以研究無窮。在這個前提下，我們為「相同」訂定的規則得出無窮加無窮等於無窮的結果。如果你沒辦法接受，我可以理解，也贊成你回頭訂定不同的規則，重新提出問題。但我會繼續使用先前訂下的規則。

　　無窮加無窮等於無窮。依據這個邏輯，三個無窮或一千個無窮還是等於同一個無窮。現在該投降了嗎？

　　我們再試一次。無窮乘以無窮。這樣會大於無窮嗎？

它可以和一個無窮袋正好兩兩配對嗎？

　　這次我直接講重點：可以，它們的大小仍然相同。我不使用文字來證明如下：

證明

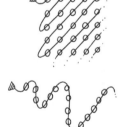

$= \infty$

故得證

結果就是這樣：無窮乘以無窮等於無窮。我們還是沒有找到比無窮更大的事物。所以依照先前的承諾，現在我要公布這個難題的答案。

世界上確實有一個東西比無窮更大。

這個東西叫做連續體。

連續體

連續體（continuum）比無窮更大，就像無窮比 1 更大一樣。連續體大得無法想像。它的大是另一種層次。連續體大到一般無窮根本無法相提並論。

連續體又稱為「連續無窮」（continuous infinity），通常直接縮寫成小寫的 c。在外觀方面，我們可以認為連續體像絲帶一樣光滑連續。這點和上一章討論的無窮相反，因為我們先前把無窮想像成一袋各自獨立的物體——這類無窮的每個元素可以分別指出並依序排列，所以稱為「可數無窮」（countable infinity）。

連續體是一條線上的點的數量。這條線是有限或無限並不重要，重要的是它的質地，也就是點的密度。現在我們要研究的是濃厚、完全、稠密的無窮。無論怎麼放大，它都不會變得稀疏，就算一小段的線仍然擁有一群連續的點。

我們可以比較一下連續體和前面提到的可數無窮，看看連

續體比它大多少。可數無窮就像非負整數，是一連串的點，間隔均勻地分布在無限長的線上。我們可以做出類似的二維點狀網格或三維立體晶格，甚至四維以上的格子，但基本上還是一堆各自獨立的點。即使把點與點的間隔縮小到百分之一甚至百萬分之一，這些點仍然各自獨立。如果放大的倍率足夠，甚至可以直接取出某個點。這就是可數無窮。

相反地，連續體包含這些點之間所有的點，真的是**所有的**。它是一大片光滑的點，點與點之間融合在一起，是不可數的。

另外一種解釋方式是：如果對著數線射出一支飛鏢，飛鏢正好落在非負整數上的機率是零。不是機率非常小，而是道道地地的零。非負整數之間有無限多個數。

數學和真實世界中經常看得到這樣的差別，也就是「離散」（discrete）和「連續」（continuous）。以下是幾個常見的例子。

離散　　　　　　　連續

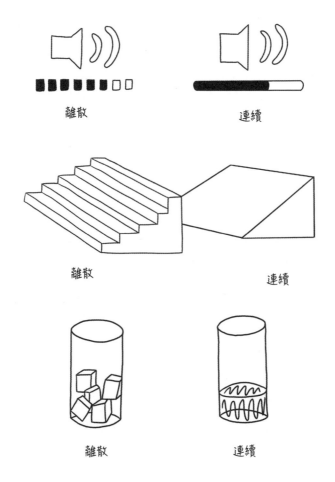

離散　　　　　　　　　連續

離散　　　　　　　　　連續

離散　　　　　　　　　連續

　　一群離散事物的規模大小若不是有限，就是可數的無限。以上這些例子是有限，但假設有一排沒有盡頭的椅子。這排椅子就像上一章中裝著無限多物體的袋子一樣，各自獨立、離散，而且可數。如果我們問：「這裡有幾個位子可坐？」答案是無限多個，它是可數無窮。

　　但如果是長椅，無論它的長度有限或無限，「這裡有幾個位子可坐？」的答案都是 c，也就是連續體。事實上，對任兩個座位而言，無論這兩者多接近，中間還是有一群連續的位子可坐。

　　我剛剛才說過 c 大於無窮，但還沒有證明它。我們在上一章中曾經提到許多事物好像比無窮更大，但其實並非如此。那我怎麼那麼有把握，認為連續體確實大於無窮？我們必須以配對和剩餘的規則來證明。我們必須證明無窮和連續體不可能完全兩兩配對。

　　要做到這點有點困難。證明一件事是可能的比較容易，只要證明它確實可能就好。但證明一件事是不可能的比較難，我們不可能只嘗試幾種方法，就下結論說：「看吧，這是不可能的。」因為以後或許會有人提出很巧妙的方法，讓這兩樣事物完全兩兩配對，這樣就會很漏氣。我們必須一舉到位，確實證明這兩種無窮事物真的不可能完全兩兩配對。我們必須證明，任何人想把兩者完全兩兩配對，最後一定會失敗。但證明這個真的很難。

　　我會提出連續體大於無窮的證明，但證明的內容有點長，而且可能需要花點時間思考，所以我想放在本章結尾。這個證明很有趣，因此我想寫進來，但它應該是這本書中最難的部分。

　　為了緩衝一下，以下是另一個相關主題的證明。我曾經說過連續體無論是有限長或無限長的線都不重要。證明如下：

證明

假設有一個有限連續體和一個無限連續體。把有限連續體彎曲成半圓形，在圓心畫一個 X 做記號。把無限連續體放在下方的直線中。

現在開始配對有限和無限連續體。針對無限連續體上的任何一點，以直尺連接這個點和 X。這條連線恰與有限連續體交叉於一點。這個交叉點可與無限連續體上的點配對。

無限連續體上的每一點恰可與有限連續體上的一點配對，反之亦然。兩方都沒有剩餘，所以兩者相等（＊）。

故得證

讀者或許會好奇，像連續體這麼稠密的物體是否可能存在於真實世界中。電腦畫面上當然不可能有連續體，因為電腦畫

面由像素（pixel）構成，而像素是離散的物體。相同地，如果世界由微小的粒子構成，則任何事物都不可能是真正的連續無窮。時間或許是唯一的例外。

然而因為某些原因，在數學中，連續體是基本算術以外最有用的數學領域中的要角。現代科學和經濟學大部分建構在一種數學工具之上，讓我們能夠把一群連續的數相加，得出有限的答案。這個工具稱為積分（integral），但這裡我先稱它為「連續體總和」（continuum-sum），因為它就是這樣。

這種工具的使用方式是這樣的。假設我們想知道一條彎曲小路的長度，但只有一支直尺。

我們可以把這條小路分成許多個接近直線的小段，測量每一段的長度，再把這些長度加總起來。這麼做不會非常精確，但已經很接近了。

如果我們需要更精確的答案，可以把這條曲線分成更小的段落，可能是 100 段、甚至 1000 段。每一小段都非常小、非常接近零，但如果細心地加總起來，保留小數點後的所有位數，得出的答案將會非常接近實際長度。

不過對數學家而言，「非常接近」還是不夠滿意。我們需要知道**確實的**長度。為求出這個答案，我們要做一件似乎不可能做到的事：把曲線分割成一群連續的片段，每個片段是長度無限小的點，接著以連續體總和把它們加總起來。

信不信由您，我們真的就是這麼做，而且這樣可以得出有限的答案。不是零也不是無窮，而是 6 或 π 這類精確的長度。

這個方法相當漂亮，而且它和大部分數學工具一樣通用又抽象，可以套用到許多表面上看來完全不相關的狀況上。接下來我會舉幾個例子，但我不可能把連續體總和所能運用的情況全部列出來，因為幾乎隨處都看得到。

這有點像剛才的例子，但先假設我們要找出某一片區域的面積，好比說一個池塘。長方形的面積很容易算出來，但這個池塘不是長方形。我們可以把它分成許多片段，每個片段都非常接近長方形。

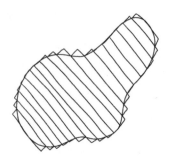

　　但如果想知道精確的面積，就必須把它切成一群連續的窄小片段，每個片段的面積都是無限小，再用連續體總和把這些片段加總起來。

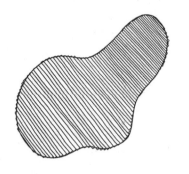

　　一群點的連續體總和構成一條線；一群線的連續體總和構成一片區域。

　　接下來這個例子看起來很不一樣，但本質上其實是一樣的東西。假設我們開一輛車一個小時，但這輛車沒有距離表，只有速度表。現在我們想知道自己開了多遠，但只知道每一刻的速度，這樣有可能嗎？我們可以怎麼做？

　　如果我們在這一小時內只看速度表一次，並且假設我們這一小時的速度一直不變，那我們可以（非常）粗略地估計出距離。但這種估計不算精確。萬一我們一開始比較慢，後來速度才越來越快呢？我們看速度表的時候，當時的速度可能不是整個行程的速度。

　　如果把這一小時分成較短的時段，估計距離時就會比較精確。每個時段看速度表一次，可以知道這個時段大約走了多遠。把這些距離加總起來，就是這一小時內行駛的距離。

　　劃分的時段越來越小，估計值也會越來越精確。想想看：如果以一秒鐘為一個時段，這一秒內的速度就會相當接近不變。

　　你看出來這個方法非常類似於曲線和面積的例子嗎？我們可以把這一小時劃分成一群連續的時段，再以連續體總和把每個時段的速度加總起來。點的連續體總和是線，線的連續體總和是面積，速度的連續體總和就是距離。

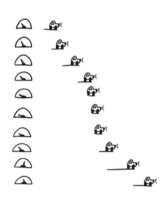

　　相同的方法不只可以用來以速度計算面積，還可以在只知道變化率的情況下計算總和。如果想知道森林的總減少量，但只知道森林的砍伐速率，就可以運用連續體總和來計算。

　　當然，如果森林砍伐速率（每天幾棵樹）一直維持不變，就不需要那麼麻煩了，只要把這個速率乘以天數，就可以得出總減少量。即使速率會改變，但如果知道每天有多少樹木被砍伐，也可以直接加總，得出答案。只有在速率每秒鐘都在改變的時候，才需要使用連續體加總法。

　　所以連續體總和在物理和工程等領域格外有用。這些領域經常需要處理溫度、水流、燃料量、速度、電流等各種持續改變的量。但因為這種工具非常好用，所以有人甚至開發出方法，用它來處理以一美分（cent）為單位的銀行帳戶或以隻為單位的動物族群數量等離散量。如果把財富或族群數量視為連續量，就能運用物理學家和工程師使用的各種預測技巧，只要記得最後四捨五入成整數就好。

現在你已經耐心等待許久，以下就是連續體確實大於無窮的證明。

證明

我們要證明，試圖讓連續體和離散無窮完全兩兩配對的方法一定會失敗，連續體會有剩餘。換句話說，我們要證明連續體上的點不可能全部列成清單，即使清單無限長也不可能。

我們使用的是有限長度的連續體，因為（別忘了）大小不重要。我們給每個點一個名稱。每個點的名稱是一個位址，方便我們找到這個點。第一個字母說明這個點在左半邊或右半邊，也就是 L 或 R。第二個字母說明這個點在**那半邊**的左邊或右邊。以此類推，每增加一個 L 或 R，就越來越接近這個點。

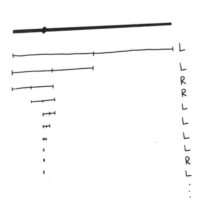

長度有限的 L 和 R 字串只能縮減到一個連續區間，
但無限長的 LR 位址則可標示出某個點的精確位置。
每個點都具有獨一無二的 LR 位址，而每個 LR 位址
也代表獨一無二的點（＊）。

我們要證明的是，不可能列出所有 LR 位址的清單，
即使清單無限長也不可能。假設你的對手提出無限長
的清單，宣稱這個清單包含所有 LR 位址。我們認為
對手的說法不正確，但我們需要證明它是錯的。

無論對手提出什麼清單，我們都必須找出一個漏列的
點（也就是一個 LR 位址）。

我們的做法是這樣的。從對手的清單的最開頭著手。
無論它第一個位址的第一個字母是什麼，寫下相反的
字母。接著無論第二個位址的第二個字母是什麼，也
寫下相反的字母。繼續沿無窮的對角線寫下去。

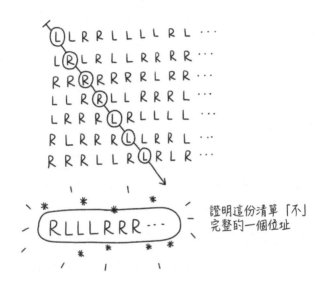

證明這份清單「不」
完整的一個位址

現在我們把這個 LR 位址寫完了，並指出這個 LR 位
址不在對手的清單上。我們怎麼知道它不在清單上？
很簡單，它不可能是清單中的第一個位址，因為它
（至少）第一個字母就不同。它也不是清單中的第二
個位址，因為第二個字母不同。它也不是清單中的第
十億個位址，因為第十億個字母不同。
它一定不在對手提出的清單上。

對手無論提出什麼樣的清單，我們用這個方法一定能
找出漏列的點。即使對手把這個漏列的位址加進清單
裡，我們也能以同樣的方法找出新的漏列點。

這代表連續體上所有的點不可能列成一份清單，即使
清單無限長也不可能。一條線（即使是有限長的線）
上的點數一定比無窮更多。

故得證

　　我覺得這個證明很有趣，因為它有點迂迴兜圈子。每個步
驟對我而言都很有說服力，我了解如何從點到位址，也了解如
何運用對角線方法。因為某些原因，我們依照這個邏輯思考下
去，就能證明無窮的某項特別性質。只要用 L 和 R 的方法就
辦到了。

　　如果你接受這個證明，那麼世界上確實有事物比無窮更
大。世界上不光只有有限和無限，上面還有其他事物。這帶來
了許多疑問。無窮和連續體之間是否有其他事物？連續體是不
是「下一個」更大的事物？有沒有什麼事物比連續體更大？無
窮有幾種不同的大小？無窮有有限多個還是無限多個？如果是
無限多個，又是哪一種？

　　這些疑問有些有答案，有些沒有答案。第一個疑問（無窮

和連續體之間是否有其他事物？）顯然是其中最奇怪的。它看來似乎是是非題，只問有或沒有。但有人已經找到了答案並加以證明，答案不是有也不是沒有。

　　有一件事很少人知道：真與假之間有第三種更讓人匪夷所思的狀態，但我還沒辦法說明這個狀態。

映射

我必須先澄清一下：前兩章大部分內容嚴格來說不能算是
分析，比較像是分析的前奏。真正的分析研究無窮和連
續體時就像記者研究母音和子音一樣：它們本來就存在，我們
要弄清楚它們是什麼、如何作用。但這其實不是重點。分析最
重要的部分是映射。

　　以標準的日常定義而言，地圖（map，另一個意思是數學
上的「映射」）是一幅圖畫，圖畫上的點和符號對應於真實世
界的地點或物體。這些點或符號不只是紙上的標記，而是城
市、地鐵站或緊急出口。地圖之所以是地圖而不只是一幅圖
畫，關鍵就在於這個對應關係。

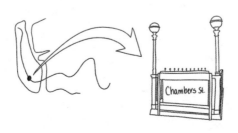

除了這個核心概念之外，地圖在其他方面彈性相當大。地圖的外型不一定和它代表的事物相同，只要對應關係存在就好。

地圖上的點或符號甚至不一定是對應於真實的物件或地點，也可以代表時間、事件、價格，甚至任何事物。廣義而言，map（地圖、映射）就是一種對應關係。

在一般常用的圖上，每個物件的意義大多會直接標示出來。如果一個點代表布宜諾斯艾利斯，我們會在旁邊寫上「布宜諾斯艾利斯」，讓大家知道那是什麼。在比較複雜的圖上，做標示往往不是那麼容易。如果要標示幾百或幾千個點代表的意義，整張圖很快就會擠滿。所以做標示的方法行不通。

如果有無限多甚至連續的資料，還有其他更好的方法可以畫成圖。熱分布圖就是個好例子。請看桌面、牆面或任何平面。平面上的每個點都有自己的溫度。每個點的溫度略有不同，但如果我們有非常靈敏的溫度計，把它放在平面上的任何一點，就能測出精確的溫度值。

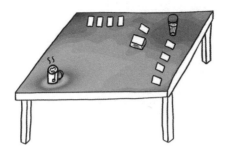

　　我們畫圖時應該怎麼傳達這些溫度資料？現在圖上是一群連續的點，所以標出每個點的溫度顯然不實際，我們必須發揮一點創意。

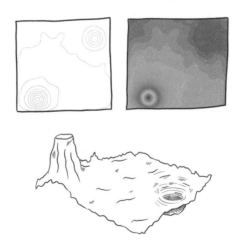

　　我們可以在圖上標示色彩，在溫度較高的點畫上比較淺的顏色。我們可以在圖上畫出等溫線，把整個平面劃分成幾個區域，每一區域的溫度大致相同。此外我們也可以加上溫度維度：較熱的點高度較高，較冷的點高度較低。

　　無論我們偏好哪種方式，這些圖本質上代表的意義都相同。我們看到的是位置和溫度的對應關係。桌上的每個點都有一個值。數學家會這麼寫：

map：{ 桌上的點 } → { 溫度 }

　　這三種繪圖方式同樣也可用於其他狀況。優良的登山地圖必須呈現這個地區的海拔高度變化。這類圖面和熱分布圖一樣，圖上每個點對應某個數值。所以我們可以用色彩代表高度資料、可以畫出等高線，也可以加入第三個維度（這時所謂的三維地圖是真的立體地圖）。

這類地形圖通常採用等高線來繪製，每條等高線上有個數字，標示這條線的海拔高度。但這三種方式代表的資料全都相同。

$$map：\{ 地區中的點 \} \rightarrow \{ 高度 \}$$

我們可以用相同的方式繪製熱分布圖和地形圖，這是有原因的。在這兩種圖中，我們都是由二維表面對應到一個線性尺標。擁有這種基本結構的圖都可採取這樣的方式。在這三種方式中，我們可以直接在表面上呈現出線性尺標。

在一個區域中隨位置而改變的值都可以用這種方式描繪，包括年雨量、水的深度、污染濃度、人口密度等等（城市人口密度的三維圖看起來很像實際的城市天際線）。在這些情況中，我們要研究的資料是二維空間中的點和一維連續體上的點之間的對應狀況。其基本的資料結構是這樣的：

$$map：平面 \rightarrow 線$$

但很多我們要繪製的資料不屬於這種型態，所以不能使用這些方式來描繪。不是所有事物都像溫度和高度一樣具有線性梯度。

例如風就不是這樣。氣象學家需要繪製風力圖，但已知位置的「風」和時間沒辦法以色彩標示。沒錯，風有速度，但也有方向。要呈現這個資訊，最自然的方式就是箭頭，箭頭長度代表風的強度。

這種圖是向量圖。空間中的每個點對應一個方向和強度。向量圖適合各種與流體有關的狀況,例如空氣流動形成風。箭頭可以呈現每個點的流動方向與速度。

下次攪拌茶杯裡的茶時,可以留意一下杯中液體的流動,看看是否能在腦海中畫出表面的向量圖。

我們周遭有許多流動的物質。我們周圍的空氣不斷移動和擾動。肉眼通常看不到空氣,但如果在天冷時吐氣,或是噴煙霧、吹泡泡或蒲公英種子,就能短暫看出我們吹氣形成的向量圖輪廓。

　　這類狀況是三維的流，三維空間中的每個點都有對應的速度和方向。

　　我們也可以描繪空氣或茶水這類無定形物質的流動。熱流是工程師最有興趣的東西，他們以三維向量圖來進行分析。

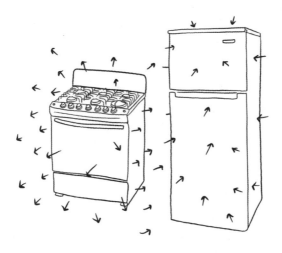

　　向量圖甚至可以用來分析全球人口和資源的流動。

　　這類流動是球面流，球面上的每個點都有一個向量值。任何流形上都可以繪製圖形。

　　分析方面的專家通常專精於某種圖，也就是映射關係。實變分析（Real analysis）研究溫度和高度這類線性量，複變分析（complex analysis）研究的則是向量圖。每個領域的專家都很清楚自己所在領域的細節：這種映射的特性、它們有什麼共通點、會出現什麼樣的型態和現象等。接著當這種映射出現在真實世界時，所有方法和技巧就有機會派上用場了。

　　這是進行分析或研究任何抽象數學的結果。我們不研究特定的流動物質，只研究「流」的一般概念。如果你運氣不錯，或許會發現幾項關於向量圖的一般事實。這些事實在空氣、茶水、熱，或是寫在紙上的抽象流動等各種狀況下都成立。

　　有個關於映射的一般事實是：剛性容器（＊）中的流動物質有一個固定點。這個點不會移動。所以我們攪拌一杯茶時，液體表面一定有個不動的點，茶葉會停留在這個位置，不斷自轉，其他東西則圍繞著它旋轉。我們所在的任何空間，無論開了幾支電風扇，都會有一個點的空氣是靜止的，這裡的灰塵會

在同一個地方盤旋（假設窗戶沒有打開）。

　　這個事實稱為定點定理（fixed point theorem），已經證明在每個維度都成立。它對二維的盤子裡翻攪的液體成立，對三維的瓶子裡翻攪的氣體也成立。如果我們生活的世界可以做出12 維的瓶子並搖動這個瓶子，這個定理也同樣成立。

　　另一個關於映射的基本事實：長滿毛的球不可能完全梳平。如果取球面上所有的點，讓毛髮沿某個方向平貼球面，一定至少會有一個不連續點，稱為奇異點（singularity）或極點（pole）。這個點可能出現豎毛、毛團或禿塊。

　　這個事實不只適用於真正的毛髮，而且適用於對球體上每個點指定一個方向的時候。在地球表面，一定至少有一個地方完全沒有風。海洋中也有水完全不流動的奇異點，垃圾會集中在這些地方，形成旋轉的垃圾團。即使是木星這麼龐大的行星，也至少有一個不流動的「風暴眼」。這不是觀察得知的固定型態或自然巧合，而是邏輯上的必然，即使在人類幾十億年從未登陸過的行星上也一樣。但這個定理只對球面成立，長滿毛的環面就不是這樣，可以完全梳平。

　　在這個比較廣泛的數學定義下，映射是非常好用的工具。

它可以用來分析投射（例如影子和世界地圖）、變換（例如旋轉和反射）、隨時間改變的量、幾何曲線、物理系統狀態，以及其他許多事物。我們高中時畫過的函數也是一種映射。拓樸學的「拉伸和擠壓」是把一種形狀映射到另一種形狀的方法。連前兩章中的配對也可視為離散映射，把一群物體「映射到」另一群物體。數學家只要碰到一樣事物對應於另一樣事物的場合，都會運用映射。

　　因為當我們這樣以抽象的方式來觀察事物，排除每種狀況的特定條件，只看本質上的變化，才能理解世界上的型態和結構是有限的。這些型態和結構稱為數學對象（mathematical object），研究這些對象的學問稱為數學。

不可能做到的事

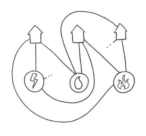

要讓三棟房子和三個公共設施彼此互相連接，路線不可能不交叉。

拿掉西洋棋盤上的兩個對角之後，骨牌不可能擺滿整個棋盤。

我們不可能不重複地走過老柯尼希堡（Old Konigsberg）的每一座橋。

（但我猜你一定會試試看）

畢氏定理

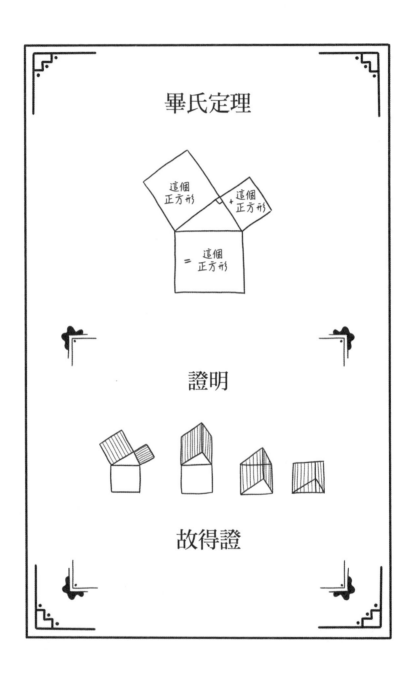

這個正方形 + 這個正方形 = 這個正方形

證明

故得證

猜猜下一頁的格子，
會變成什麼樣子？

- 把這本書轉 90 度，讓箭頭在左邊。

- 走進標有箭頭的那一列。

- 每走到一個方格，看看上方的三個方格。

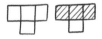　　　　如果三個方格全滿或全空，
這格就保持空白。

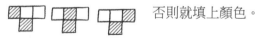　　　　否則就填上顏色。

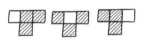

- 然後是下一列、再下一列，直到最後……

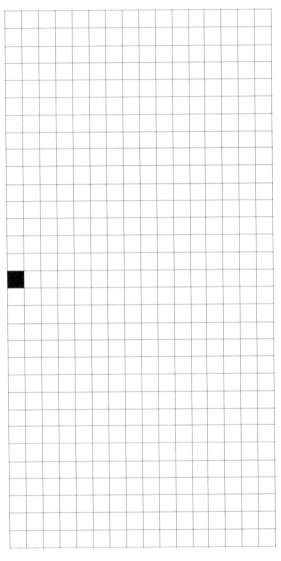

代數
Algebra

抽象
abstraction

結構
structures

推論
inference

抽象

現在我們完全從零開始。數學是研究虛無空間（empty space）中的純粹、抽象對象，而代數研究的則是最純粹、最抽象的主題。這裡說的不是我們小時候學的代數，硬派數學家把那類代數稱為「學校代數」或「初等代數」，帶著點輕蔑的意味。這一章要談的是抽象代數（abstract algebra）。這種代數非常抽象，抽象到和任何一種對象都完全無關。它研究的是「對象」這個概念本身以及對象之間的關係。

抽象代數的另一個名稱是廣義代數（generalized algebra）。我們把事物化為廣義的意思是擴大這個事物的涵括範圍。好比說現在有個包含數字 4 的數學問題。4 是個明確的數字。要把這個問題化為廣義，就把 4 換成 x，x 可以代表任何數字。這樣一來，我們沒辦法用一般方式解出這個問題並得出數值答案，但我們可以用不同的值代替 x，看看得出的答案是否具有固定的模式。其實通常都會有，這個固定模式就是這個廣義數

學問題的解。這個解**通常**成立。

抽象代數讓這個概念更上一層樓,試圖尋找更廣義的代數。我們不用「加」或「乘」,而用「•」這個符號代替所有運算。我們不只用它取代傳統的四則運算,也取代以前從沒用過的各種奇怪運算,藉此尋找層次更高的固定模式。這樣一來更糟:我們連數的概念也抽象化了,現在要研究的是對未知對象進行的未知運算。

這類代數連討論都很難討論,因為它沒有什麼特定的東西可以談。代數學家確實會執行一些過程,以有系統的方式在紙上移動符號,把某些敘述轉換成其他敘述。但每個敘述不一定**有意義**,至少沒有任何特定意義。每個符號都是通用符號,可能代表無限多種意義。所以就某方面而言,每個敘述可能同時具有一百萬種意義。

這樣讓人感覺有點錯亂。它沒有明確的立足點、無法回頭參考真實世界的事物,連大多數人心目中的數學也無法當成參考。我們往往盯著代數課本好幾小時,一直前後亂翻,試著記住已經講過的東西。證明或範例終於結束之後,我們腦中通常沒有明確的概念,只知道似乎有個模式存在。「這裡出現一些狀況,接著那裡也出現對稱的狀況,不過是反過來的。」它有清楚的關係和結構,但沒有實際對象。

要思考這種代數,必須先建立正確的心態。我們必須忘掉樹木和椅子這些真實生活中的事物,也必須忘記形狀和數字等數學世界中的事物。我們必須拋開既有想法,就像準備進行一

場嚴格又有條理的冥想。

如果可以，請想像一下。假設我們天生就看不見、聽不見，沒有觸覺、嗅覺、味覺，也沒有感受或直覺，甚至什麼都不知道。假設我們的眼睛永遠看不見，甚至沒有眼睛，也不知道眼睛是什麼。我們只是漂蕩在虛空中的無形意識。

我們沒有東西可想，真的什麼都沒有。我們什麼也不知道，非常無聊。沒有東西可以排遣時間，所以我們永遠沒事可做。

後來我們接收到訊息，有個訊息直接傳送到意識中（終於來了！）。這個訊息是「某樣事物存在」。這個訊息相當平淡無奇，但我們非常高興有東西可以想了。某樣事物存在。我們不知道它是什麼，只知道它確實存在，所以可以給它一個名字。我們稱它為 g。

我們命名某個事物時，名稱通常和這個事物有關，但現在不是這樣。現在沒有字源也沒有擬聲，即使知道這個事物叫做 g，也無從得知這個叫做 g 的東西是什麼。它就是個名稱，一個符號，作用是便於稱呼。我們可以說「g 存在」，甚至可以畫出示意圖，呈現我們所知的世界萬物。

$$\bullet\, g$$

不過也不要過度解讀。這個事物其實不是 g，也不是點。我們只是畫出稱為 g 的這個事物的抽象概念。

　　現在我們又開始無聊了。我們對這個已知存在的對象能做的事都做完了，看來一個普通事物存在比什麼都不存在有趣不了多少。所以我們再度全然無事可做，真希望自己有手指可玩，至少可以玩好一陣子。

　　還好，後來傳訊者又傳來新訊息。「有另一樣事物存在」。太好了！我們把這個新事物命名為 h，接著更新我們的示意圖。

$$\cdot g \qquad \cdot h$$

　　然而同樣地，我們能做的大概也只有這樣。

　　無論我們聽到多少新事物，能做的只有在名單上添加新名稱、在圓點圖上添加新的點，然後就沒事可做了。如果有人問：「h 存在嗎？」我們可以回答是的，確實存在，但除了傳訊者傳來的訊息之外，我們還是什麼都不知道。我們無法提出問題和思考答案。這個世界由一連串彼此無關的對象組成，我們能做的事不多。真無聊！

　　為了讓可能有趣的任何事物出現，我們不只需要知道事物是否存在，還要知道事物彼此之間的關係。

　　想一下這個狀況。傳訊者又出現了，帶來有點不一樣的新訊息：「有五個事物存在，每個事物都有一個同樣存在的伴隨事物。」好，我們來想想這件事。這個訊息可能代表什麼意思？

　　以上這些狀況都符合訊息的描述。它們都有類似的固定模式,但表面上看來很不相同。每個例子都有五對,或說分成兩群的十個事物。這次我們接收到關於這個「伴隨事物」關係的額外訊息,為世界增添了基本結構。現在這些對象彼此有關,並且同時存在。它們具有共同的形式或秩序。整體不只是一群元素的集合。

　　這一步的方向是正確的,因為真實世界由對象間錯綜複雜的關係構成。例如有一張沙發和一片小地毯,但它們不是存在於真空中:沙發在小地毯「上方」,小地毯在地板「上方」,地板則在樓下鄰居「上方」,一直類推下去,直到熔融的地心為止。我們談到某個人時,應該不會只說「艾迪存在」,而會說「艾迪有長長的指甲」之類的,指出艾迪和指甲之間的關係是「擁有」,同時艾迪的指甲和其他參考指甲之間的關係是「較長」。即使只說「艾迪是人」也能指出艾迪和各種對象之間的關係,包括不同的身體部位、其他人、實際位置、事件、習慣、想法與希望等等。我們對世界的理解(在最基本、抽象、初步的層級)是建構在對象與對象之間的關係上。

　　數學世界也是一樣,我們所做的一切都可透過這個基本關係來了解。在拓樸學中,我們看的是稱為形狀的對象,以及任何兩個形狀可藉由拉伸和擠壓變成彼此的「相同」關係。這個關係把一堆混亂的形狀化成有條理的分類系統。同樣地,在分析中,「更大」關係依照順序排列各種各樣的事物,從虛空一直到無窮、連續體……等等。

但我說過我們要跳脫真實世界和數學世界，所以我們先忘掉這些，回到漂蕩在虛空中的意識，以及存在的五個事物和同樣存在的五個伴隨事物。

我們想命名這些對象，也想畫出圓點圖。隨意給這些對象指定十個名稱似乎不大對，因為這樣難以呈現它們是什麼。因為名稱其實沒有實質意義，所以我們可以輕鬆一點，選擇能反映世界秩序的名稱。圓點圖也是如此，這些圓點可以隨意放置，但把伴隨事物標示出來會比較好。

這是具有組織化結構的世界中最簡單的一種。這樣很好，因為數學家喜歡簡單。抽象的重點就在這裡：它讓我們研究秩序和形式的特性，但不需要忙著處理任何特定狀況的細節。

那麼我們在秩序和形式方面究竟學到了什麼？有了伴隨事物之後，這個結構化的世界和一群無關對象所構成的世界，有什麼不同？

首先，我們能用與以往世界不同的方式討論這個世界。例如我們可以說：「g 是 g* 的伴隨事物」和「h 和 j 彼此不是伴

隨事物」以及「k* 有伴隨事物，但不是 g，也不是 h 的伴隨事物」。以往，如果沒有對象間的關係，我們只能確定事物存在。如同真實世界一樣，關係是語言的本質。

　　這也代表我們可以提出問題及尋找答案。像這樣：「g 的伴隨事物是什麼？」或是「有沒有什麼對象不是自己的伴隨事物的伴隨事物？」這些問題很容易回答，因為我們探究的世界仍然變化不大。但我們將要開始發現新事物了。

　　我們在這裡暫停一下。抽象代數有個重要概念，就是我們在數學中探究的一切，本質上只比這個基本的伴隨世界複雜一點。其中有對象、對象間的關係，有我們知道的事物、也有不知道的事物。代數學家認為，可理解的數學問題都能轉換成抽象代數語言，並以代數工具求解。

　　這個想法也擴展到數學以外。西方許多學術哲學與科學的基本概念是我們探究的一切（真的是一切）都能化約成簡單的數學結構。這個概念聽來很瘋狂，實際上也很可能是既瘋狂又不正確。但至少，這個概念有效地協助我們了解自然界的運行和開發新科技。

　　伴隨事物的例子還是太基本，所以不夠有趣。我想再舉個關於抽象結構的有趣範例。請再次拋開所有既有的想法。準備好了嗎？訊息來了：「有三個特別的事物，就先稱為『瓦格』。瓦格的所有可能組合也是存在的事物。」

　　傳訊者要說的是什麼？我們能夠運用的簡單命名系統可以像這樣：

g　h　j　gh　hj　gj　ghj

　　但我們要怎麼安置這些點？呈現這個結構的示意圖是什麼樣子？方法有好幾種，但有個方法還不錯，就是立方體的頂點。

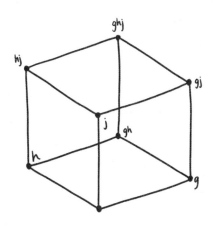

　　請花一點時間看看這張圖，了解它為什麼能代表這個結構。最接近我們的角代表空對象（empty object），也就是沒有瓦格的組合。接下來，三個瓦格對應於三個維度。要增加某個瓦格，就朝那個方向移動。

　　這樣的結構圖永遠有漂亮的對稱和固定模式。看到立方體上的相對角名稱的差異嗎？這代表我們完整呈現了它的基本結構。

　　另一個具有相同結構的世界是所有三位元的二元字串，也就是三個開關的所有可能狀態。

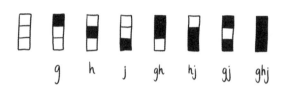

在這裡，瓦格就是開關，空對象是三個開關全關。

相同的基本結構還有另一個呈現方式：三個圓形組成的文氏圖（Venn diagram）。

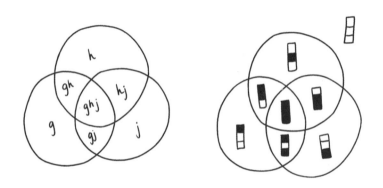

最後一個也具有相同固定模式的系統：色彩。

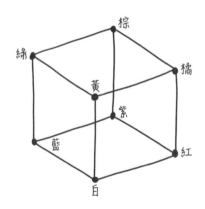

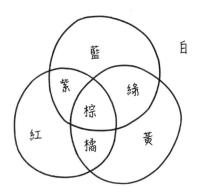

很有趣的是，30 的因數也具有相同的固定模式。我很想說明它是什麼樣子（看起來相當簡潔）但我曾經保證過不會用到數字，所以我想讀者必須自己研究一下。

細節暫且不管，這裡我想提出的一般概念是：相同的基本抽象結構可以用許多表面看來不同的系統來呈現。每個例子中的特定對象大不相同，但對象間的關係是相同的。

	瓦格	組合方式	無	全部
ghj 世界	字母	附加		ghj
立方體	維度	→↑	最近的角	最遠的角
位元字串	位置	覆蓋	▯	▮
文氏圖	圓形	重疊	圓的外面	中央區域
色彩	原色	混合	白色	棕色
30 的因數	質數	相乘	1	30

還有一種方法可以來思考這個「相同抽象結構」的等價效果，就是我們用來描述一群對象的句子，逐字轉換到另一種系統時依然成立。

$$g \cdot h = gh$$

紅　•　藍　＝　紫

　　這類等價有個正式的數學名詞，但不容易翻譯成口語化的中文。兩個系統的抽象結構相同時，我們說兩者同構（isomorphic），iso 代表「相同」，morph 代表「形狀」或「形式」。色彩、位元字串和立方體的角都是同構，具有相同的概念形狀。

　　如果你在教科書上看到「同構」這個單字，作者可能非常嚴格地遵守定義，指出這兩個系統結構完全相同，沒有一絲差別。但數學家有時會在真實生活中說兩樣事物同構，這時候的標準通常比較粗略寬鬆。我們或許會說 UNO 紙牌和瘋狂八（Crazy Eights）同構，或是《獅子王》和《哈姆雷特》同構，雖然就嚴格的數學而言，這麼說都不正確。

　　對於代數學家而言，同構是優雅和美的極致。兩個無關的狀況居然基本動態全都相同？真是太棒了。世界又簡化了一點。以往的兩個、甚至可能 100 個或無限多個不同的問題，都化約成一個問題。我們的理解又加深了（至少我心目中的代數學家是這樣）。

　　我們在前幾章已經看過這類抽象或化約過程，只是當時我

沒這樣稱呼它。請回想一下先前的無窮大飯店。在客滿的飯店裡增加一位新住客的狀況具有「無窮加一」的抽象結構。在裝滿物品的無底袋加入一個新物品同樣是無窮加一。我們了解某個狀況的「無窮加一」動態之後，就可以把同樣的邏輯套用在同構的狀況中。

最後想想看：「無窮」或「一」究竟是什麼意思？一個什麼？這些概念都是抽象。一隻鴨子、一根頭髮、一滴水、一分鐘等等，這個概念適用於幾百萬個不同的例子，但本身沒有任何意義。它是代表反覆現象的替代詞。它是抽象對象，是純數學對象。

「純數學對象」究竟是什麼？這些事物是真的存在，還是只是我們想像的虛構事物？這些都是數學哲學家爭論的問題。有些人相信數學對象確實存在，而且是真的存在於純抽象的遙遠宇宙中。他們相信，我們研究數學時，就能窺見這個更單純的世界。他們相信，這個純數學宇宙，也就是「柏拉圖國度」（Platonic realm），比我們的世界更基本也更美，沒那麼反覆無常，受偶發事件的影響也較小。

這我並不完全同意，但這是思考抽象對象的好方法。無論 ghj 結構是什麼，我們都能想像它位於空白、虛空的數學世界中。我們無法得知它是什麼樣子，就像我們無法得知純粹的「一」是什麼樣子一樣。我們看得見它投射在這個世界中的各種影子，例如立方體和文氏圖等等。但我們討論的**對象**呢？這個概念架構、這個我想傳達給讀者的抽象代數形狀呢？這只是

結構

讀者們別擔心，我們不會動手分類所有可能的抽象結構。誰有那麼多時間做這件事？抽象結構非常多，這是可以想見的，因為「結構」概念的範圍相當廣泛。為代數結構做分類和為流形分類不太一樣。流形的分類可以依照維度逐步進行，每次列出幾個結構。代數結構的分類在形式上比較像分類地球上的所有物種，分成許多層級。最上層當然是「結構」，但下面有十幾個已知的結構類別，包括體（field）、環（ring）、群（group）、圈（loop）、圖（graph）、格（lattice）、序（ordering）、半群（semigroup）、廣群（groupoid）、么半群（monoid）、原群（magma）、模（module），後面還有一大堆講不完，只能統稱為代數。這些類別之下還有子類別，子類別下又有子子類別，子子類別又可依照性質和特質細分，類別非常龐雜。

所以這一章我不打算把這些結構全部列出，而是介紹其中

的幾種。我選擇的是比較常見的幾種結構，不過請別忘了：數學家不會特別關注數學領域外常見或有用的東西。

代數學家只研究自己覺得有趣或優雅的結構，不在乎它們在真實世界中是否有用。

集合

集合是最簡單的結構，簡單到甚至有些人不認為它是結構。集合其實就是一群對象，沒有其他關係或性質。

以下是一個集合的例子。這個集合稱為 2。我們實際上看不到這個集合（它是沒有明確形式的抽象對象），但真實世界中有許多狀況具有這個結構。

觀察或畫出集合沒有「正確」的方法。觀察任何結構同樣沒有「唯一正確」的方法。

這個集合 2 是許多存在的集合之一。有限集合很容易歸類。每個有限集合都和以下之一同構：

但無限集合就比較麻煩一點。（其實很麻煩啦！）

圖

　　圖跟集合類似，但結構多了一點。在圖中，有些對象彼此間有特殊關係。我們可以把這些對象畫成點，把關係畫成連接點的線。

　　我們可以在社群網路看到這樣的結構，每個點是一個人，每條線是一個好友關係。至少臉書或領英（LinkedIn）這類社群網站的結構確實是如此，好友關係是二元的，而且一定是雙向。

　　我們也可以選擇其他比「好友」更精確的事物，在這個圖上畫出連結。我們可以連接眼神接觸時曾經講過話的人、可以只連接曾經接過吻的人，也可以連接曾經共演電影，而且這部電影在 IMDb 查得到的人。

　　關於圖的常見問題包括：連結的密集程度如何？如何劃分成不同的小圈圈？是否能清楚地分成彼此間沒有連結的兩個子圖？

可不可能所有的線都不交叉？是否有孤立點沒有任何連結？哪些對象的連結最多？哪些對象擁有最多的「朋友的朋友」這類二階連結？哪些對象位於最中央，也就是與其他所有對象間的連結總階數最少？

如果我們與全球所有人之間最多相隔六層，代表人類社會圖的「直徑」是 6。我們也可以算出距離某個點的「半徑」，就像我們說每個演員和凱文貝肯（Kevin Bacon）之間最多只相隔四層一樣。

以下是所有可能的連通圖，依點數順序排列：

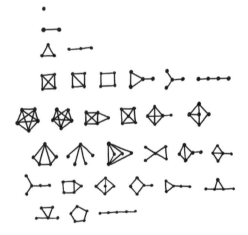

加權圖

在真實生活中，我們或許會認為好友關係不是二元的，而是一個連續體。對兩個人而言，好友關係可能是從 0（完全不認識）到無限（焦不離孟、孟不離焦）。這種狀況就具有加權圖（Weighted graph）的結構。

我們其實沒辦法列出所有可能的加權圖。即使是兩人加權圖，也有一群連續的選擇。

有向圖

有向圖（Directed graph）與一般圖類似，但沒有對稱的線，只有單向箭頭。

IG 或推特的用戶結構就是有向圖，因為我們追蹤的人不一定也會追蹤我們。

網際網路本身的結構也是有向圖。每個網頁都是圖的節點，每個箭頭則是從某個網頁進入另一個網頁的連結。當我們點擊一個個網頁時，就是沿著一連串箭頭移動。現代搜尋引擎

大多依據圖論（graph theory）篩選要列出的搜尋結果，把較多連結指向的網頁放在前面。（此外還有其他考量，例如廣告以及網頁與查詢字串的符合程度。）

　　剪刀石頭布也可視為三個節點的有向圖。

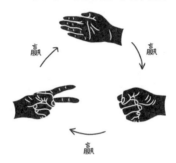

　　有個關於有向圖的常見問題是有向圖是否有循環。如果沿著一連串箭頭移動，最後會不會回到起點？剪刀石頭布有循環，但常見的食物網則沒有。

以下是最簡單的幾種連通有向圖。

有向圖的節點超過三個之後，數量膨脹得相當快。請看單單只是四個節點排成一列，就有多少種不同的選擇：

賽局樹

數學家很喜歡研究常見的兩人賽局。西洋跳棋、西洋棋、井字遊戲、圍棋、四連棋（Connect Four）、黑白棋（Reversi）都屬於這一類。這類賽局沒有運氣成分，雙方都可取得完整訊息，輪流下棋，最後會有一方獲勝或者和局。這類賽局稱為組合賽局（combinatorial game），可以當成一種結構來研究。

先來看看井字遊戲。棋盤上每個位置都是一個點（或稱為節點），箭頭則有兩種：X 的棋步和 O 的棋步。

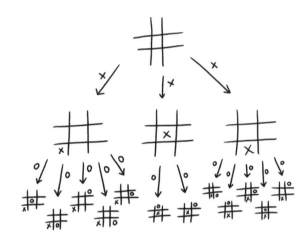

藉助這個賽局樹（game tree），我們可以用賽局樹中沿 X 箭頭、O 箭頭、X 箭頭、O 箭頭交替移動的路徑，呈現任何一場井字遊戲的過程。

每一場組合賽局（如西洋跳棋、西洋棋等）都能用這種方式轉換成賽局樹。有些賽局，例如每一手有數百種可用棋步的圍棋，幾乎不可能實際畫在紙上。但會下棋的電腦有程式可以搜尋賽局樹，以找出最佳策略。

你知道在井字遊戲中，如果雙方都不犯錯，一定有可能逼和嗎？組合賽局理論有個有趣的事實，就是所有的組合賽局不是一方強迫取勝，就是強迫和局。如果雙方都完全發揮實力，賽局結果從一開始就已經決定了。雖然像西洋棋或圍棋這麼複雜的賽局，我們還不知道其最佳策略為何，但理論上，每個沒有運氣成分（＊）的完整訊息賽局都「有解」。

證明

任選一個組合賽局，畫出完整的賽局樹。假設雙方稱為 X 和 O。賽局結束時如果是 X 贏，就把最後一步的位置畫成綠色，如果是 X 輸就畫成紅色，和局則畫成灰色。

現在我們可以在賽局樹的其他部分著色，而不只是最後一步。如果一個位置是 X 下，而且 X 箭頭指向綠色（贏）的位置，就畫成綠色，因為 X 可以下出取勝的棋步。如果 X 的所有箭頭都指向紅色（輸）的位置，就把它畫成紅色。如果 X 的箭頭同時指向紅色（輸）和灰色（和），就把這個節點畫成灰色，因為 X 可以選擇和局。

依照這個方法繼續沿賽局樹向上著色，直到每個節點都畫上顏色為止。看看起點是什麼顏色？如果是綠色，代表 X 可以強迫取勝，如果是紅色，代表 O 可以強迫取勝。如果是灰色，代表賽局在最佳狀況下是和局。

故得證

利用高效能電腦徹底探索過賽局樹上的所有分支之後，西洋跳棋和四連棋都已經被破解（如果雙方都沒有失誤，西洋跳棋會是和局，四連棋則是先下者獲勝）。不過人類不大可能記住各種可能狀況的最佳策略，所以下棋還是充滿樂趣的。西洋棋和圍棋目前還沒有被破解。有些頂尖西洋棋士指出，雙方都沒有失誤時，西洋棋是和局。

家族樹

家族樹（family tree）也是由節點和連結構成的圖狀結構。但每個連結就像分叉的箭頭，代表關係中的「雙親」。

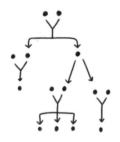

我們可以指定每個親代箭頭必須剛好有兩個親代，亦或是我們可以接受其他種家族結構。以下是最簡單的幾種家族樹，包含各種數目的親代。

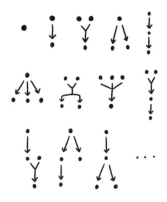

有件事十分重要，所以我想再強調一次：這類點與箭頭圖只是呈現結構的一種便利方式。結構本身沒有具體的形式。代數學家通常只用數學語言描述結構而不畫圖，像是這樣：

家族樹是具有親代關係 $\{(P_i, x_i)\}$ 的集合 S，此關係成立於親集合 $P \subseteq S$ 和子代 $x \in S$ 之間。

對稱群

代數學家非常執著於對稱，所以我一定要介紹對稱群（symmetry group）。理論物理學家也很執著於對稱，現在許多理論物理學家必須跨界研究群論，熟悉運用各種對稱。

你應該已經注意到，各種形狀、模式和對象具有各種形式的對稱。有翻轉對稱（flip symmetry）、旋轉對稱（rotational symmetry）、平移對稱（translational symmetry），以及伸縮對稱（dilational symmetry）。

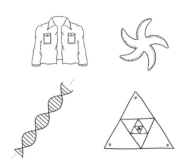

每種對稱都有非常多個子類別。舉例來說，旋轉對稱可能是離散或連續的：

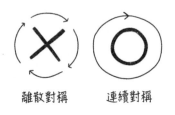

一個對象也可沿多個旋轉軸具有旋轉對稱。

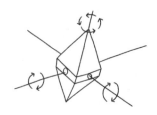

也可以同時具有旋轉對稱和其他種類的對稱。

群理論學家已經提出系統化的方法，把每一種對稱呈現為代數結構。以下是幾個形狀與所對應的對稱群的例子。

無窮對稱群

連續對稱群

這些例子各對應到一種對稱。對於具有多種對稱的對象來說，群結構會比較複雜一點。舉例來說，以下是正方形的對稱群。它有兩種箭頭，一種代表左右翻轉，另一種代表順時針旋轉 1/4 圈。

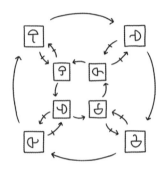

壁紙群

　　最後一種是對稱群的一個子類別。一個對象或模式如果可以用來貼滿整個平面,就具有壁紙對稱(wallpaper symmetry)。

　　以下這些設計具有壁紙對稱,但沒有其他形式的對稱:

　　而以下這些則有壁紙對稱和四邊旋轉對稱:

以下這些則有壁紙對稱、翻轉對稱，以及六邊旋轉對稱：

抽象代數有個美麗又奇特的結果指出，壁紙對稱恰好有17種，以下是每種對稱的一個例子。

　　我不再列出其他結構，但別忘了還有很多很多類別這裡沒有提到。代數結構讓我們可以用固定模式和規律性建立任何事物的模型，包括英文文法、密碼和密碼學、音樂理論、魔術方塊、字謎、粒子、供應鏈、多項式、雜耍等等，還有很多。電腦或手機的所有資料都儲存在記憶體裡構成「資料結構」，這也是一種代數對象。甚至還有一種相當特別的代數分支稱為範疇論（category theory），它研究結構的類別、尋找各種類別間的固定模式和關係。

　　歸根結柢，代數結構只是一群互相有關的事物。它是用途相當廣泛的工具，所以許多代數學家相信，如果有必要，宇宙中的任何事物都能以某種抽象結構來代表。

推論

　　我們暫且回到真實世界一下。想想一個城市，想想 100 萬人在這裡過日子，彼此互動。其中有哪些關係存在？這樣的人際網絡的結構是什麼樣子？那可不簡單——我們前面介紹過的結構完全無法跟這種程度的複雜度相比。想想我們針對城市居民可以提出多少真實敘述：「傑的表兄弟在法國」、「黛博拉和馬克斯去年十月一起去週末旅行」。這些比「紅・藍＝紫」複雜多了。

　　我們確實生活在結構中。這些結構太複雜，無法以代數精確度分析，但確實是結構。我們吃的東西、睡的地方、愛的人，這些事實都存在於局部、區域性和全體的信任、交易、權力、勞動、強制、傳統、責任等網絡中。我們不需要知道這些東西如何全部寫在紙上，這些箭頭和點是什麼樣子，也多少可以知道這是一個互有關聯的龐大系統。

　　身處於結構內和觀看畫在紙上的結構大不相同。從外界來

看，一切都很清楚，我們立刻就能了解所有事物和事物之間的關係。而在系統內，我們只能看到片段狀況。我們知道與我們互動的人的事情，也能隱約了解自己所處的局部網絡之外的狀況。但僅此而已。

我們從這個資訊有限的起點出發，了解關於世界的許多事情。我們注意到模式並填入空白中。我們運用常識和邏輯來討論已有的小片段，化成有用的新知識。我們是怎麼做到的？

推論是如何運作的？

我們隨時隨地都在推論，但我們可以回顧一下，看看推論是多麼了不起的成就。我們把已經知道的事——可能是別人告訴我們的，也可能是自己發現的——轉化成後來知道的事。我們看到一個路標，立刻就知道自己正朝哪個方向走，以及如何到達公園。有人告訴我們海平面正在上升，我們就知道海島居民面臨威脅。這個系統越複雜，我們要做推斷就越不容易。

當我們像這樣從一個事實跳到另一個事實時，中間究竟發生了什麼事？我們何時能正確地推論，何時又會意外產生錯誤的結論？

數學家研究推論既是出於興趣，也有實用的目的。如果我們能讓推論的過程符合科學，就能夠把它形式化和自動化。未來我們只要輸入幾個基本事實，按下「推論」按鍵，就能知道

關於一個系統的種種（至少夢想是如此）。

可惜的是，真實世界相當複雜，很難加以系統化。真實世界有許多狀況，也沒有明確的規則。那麼我們該怎麼做？那就把它抽象化！我們先想像一個簡單得多的世界，研究推論在這個世界裡是如何運作的。用一連串非常簡化的狀況嘗試之後，就能了解推論在一般狀況下如何運作。

那我們現在就開始。有什麼簡單系統可以讓我們推論？我們在前一章中看過很多種基本結構，現在正好派上用場。先從家族樹開始吧。當我們要進行推論的系統是家族樹時，推論是怎麼進行的？

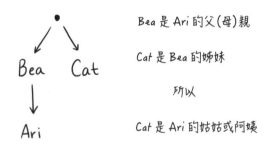

Bea 是 Ari 的父（母）親

Cat 是 Bea 的姊妹

所以

Cat 是 Ari 的姑姑或阿姨

假設我說：「Bea 是 Ari 的父（母）親」，而且你已經知道「Cat 是 Bea 的姊妹」。依據這些事實，我們可以做出推論：Cat 是 Ari 的姑姑或阿姨。

這個推論與 Ari、Bea 和 Cat 有關，但同樣的推論模式顯然可以套用到其他狀況上。如果 Bea 有另一個小孩叫做 Zeb，我們就知道 Cat 也是 Zeb 的姑姑或阿姨。如果 Cat 的父母親有

個姊妹，那 Cat 就有個姑姑或阿姨。對於所有已知的家族樹而言，這個關於姑姑或阿姨的通用的推論規則（inference rule）永遠成立。

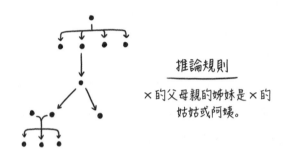

推論規則
————————
X 的父母親的姊妹是 X 的
姑姑或阿姨。

　　當然，把這句話稱為「規則」好像有點小題大作。我們想確定姑姑或阿姨是什麼意思時，應該不需要參考什麼正式的規則書。大多數狀況下，我們只是憑直覺知道 Cat 是 Ari 的姑姑或阿姨。

　　但我們的目標不是去弄清楚人腦是如何了解系統的，那是心理學家和神經科學家的工作。我們有興趣的是推論本身。我們想知道哪種推論是合理的，推論的人是誰或如何推論都不重要。推論規則告訴我們這個系統本身的邏輯。任何時間和任何精神狀態下，父母親的姊妹都是姑姑或阿姨，就是這樣。

　　這個關於姑姑或阿姨的例子其實不太像是推論，所以我們再試一個前一章中的例子：賽局樹。如果我們知道在井字遊戲中走某些棋步會讓對手有機會製造雙重威脅，就知道不要走這一步。這就是推論，而且它遵守推論規則。

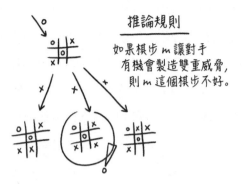

再舉一個超級簡單的例子：有序集合。如果我們知道太陽的年齡大於地球，地球的年齡又大於月球，那麼我們自然也知道太陽的年齡大於月球。

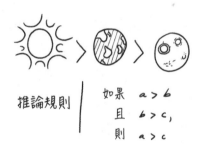

（我在前一章沒有把有序集合列入結構清單，但這個概念應該相當直覺，對吧？）

在這些基礎系統中，我們依據推論規則進行推理。系統允許某些演繹（deduction）模式存在，我們可以把這些模式寫成推論規則。

　　每個系統會有自己的一套推論規則，代表這個系統的特定的知識結構。當我們推理一場西洋跳棋時，遵守的推理規則一定和推理導航或社交行動時不同。我們在數學中處理的例子永遠單純又簡單，但我們可以想像，即使比較複雜的真實系統，本身也有一致的邏輯，可以寫下來當成推論規則。

　　在所有系統中，推論規則的基本形式看起來是這樣的：

　　推論規則是個簡單但相當有效的東西。一旦我們找到了某個系統的所有推論規則，就等於找到了發掘新知識的鑰匙。這種狀況可以說是連鎖反應：我們以 A 演繹出 B，接著再用 B 演繹出 C，再得到 D 和 E……後來可能會發現 A 和 D 若要同時為真，另一個敘述 P 也必須為真，因此引發一連串新的推論。這些推論進一步和我們知道的其他事實結合及倍增。現在有人告訴我們新事實時，它就會「砰！」地發展成一大群關係錯綜複雜的各種事實。

　　許多代數，包括抽象代數和學校代數，其實就等於細心運用嚴格的推論規則。想想看需要解出 x 的學校代數問題。這類問題一開始提出代數敘述，呈現關於系統的某些事實。接下來我們開始運用一些推論規則：「如果這個成立，那麼我同時在兩邊加 1 同樣會成立。」每個步驟都是基本推理，不知怎麼到了最後，看！我們知道 x 是多少了。

　　有時 x 就只是 x。在這個代數作業中，最後結果沒有更重要的意義，所以感覺上好像沒什麼意義。但這些形式推理程序也可用在真實生活中，而且它們真的成功創造出有用的新資訊。舉例來說，我們手上的 GPS 就是測量我們與三個衛星之間的距離，再以幾何推論規則推算出我們的精確位置。

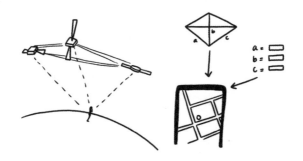

　　我們的世界中現在充滿各種各樣嚴謹又系統化的演繹過程。這些過程在機器裡，負責預測天氣和發送安全警示。它們負責管理運輸網、貿易網，以及政府計畫等。企業使用代數讓獲利極大化，廣告商使用演算法（手法不光明但精準）預測我們想買的東西。理論物理學家也使用抽象代數來預測夸克等次

原子粒子的存在，後來才藉由實驗證明。它不是現代才有的東西——古往今來，世界上大多數文化都運用形式推論來預測天上星辰的運動。

我甚至可以說，數學家有點太偏愛形式推論這個概念，不過這點不難理解。一小群事實可以發展成錯綜複雜的知識網？真的太神奇了！想想看，我們只要坐著，用紙跟筆就能發現多少東西！我們只要遵守規則，把符號移來移去，就能學到關於宇宙的新事實。這就像只要交叉相乘，就能知道現實的本質一樣。

但在某些時候，有些人過度沉迷這個概念，真的會讓事情失控。他們開始反其道而行。他們認為，如果推論規則能使少數知識擴展成更多知識，那麼我們或許能把任何數量的事實縮減成代表一切的一小群基礎事實。

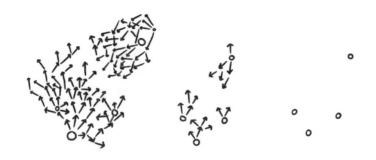

在簡單的數學系統中，這類化約技巧確實似乎是可行的。舉例來說，數學家能把算術的所有事實濃縮成以下五個敘述：

0 是一個數。

·

如果 x 是一個數，
則 x 的後繼者也是一個數。

·

0 不是任何數的後繼者。

當兩個數的後繼者相同時，
這兩個數也相同。

·

如果 S 集合包含 0，
而且 S 包含 S 中所有數的後繼者，
則 S 包含所有的數。

這稱為公理系統（axiom system）。關於所有整數以及乘法和質數的所有知識，（理論上）都能從這五個公理（axiom）演繹得出（＊）。我們必須承認，這點確實相當了不起。它是精簡又優美的算術敲門磚。我們可以大方地說：「我知道這五點，所以我已經懂了與算術有關的所有知識。」這讓人覺得自己擁有強大的力量，就像摩擦幾支木棒就創造出宇宙一樣。

但實際上，我們不可能用這五個公理證明什麼新概念。如果你從公理開始而不運用其他知識，即使是最基本的算術事實也很難證明。我們來看看「一加一等於二」證明起來有多困難。

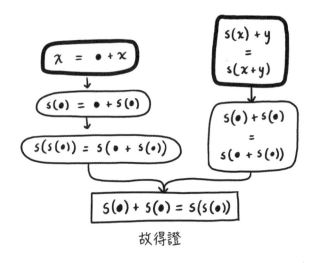

故得證

　　這種證明稱為形式證明（formal proof）。你從公理開始，只能運用推論規則。證明時不能依靠直覺或常識，只能依據推論規則。沒錯，我們可以使用公理先前已經證明的事實，但一切最後都要回歸公理。這類證明的目標不是以言詞來證明（因為形式證明大多數連看都看不懂！），而是在這個嚴格又精確的事實系統中找出我們要證明的主張。

　　這是數學界中頗具爭議性的話題。我們應該在多大的範圍內採用形式證明？一般人通常認為形式證明比較值得信賴，反觀這本書採用的論證就不夠正式又太依賴直覺。形式證明遵守嚴格的規則，比較不容易受人為疏忽所影響。但許多人經常感到困惑和煩惱，尤其是學生。這類證明看起來就像天書，通常寫得很精簡，不說明每個步驟的原因，也不解釋整個論證。

　　無論我們站在哪一邊，有一點是確定的：形式證明已經佔

了上風。在教室裡和比較不正式的場合，直覺仍然有存在空間，但教科書和數學期刊裡的證明通常比較正式。這些證明不一定從公理出發，但應該回歸公理。近一世紀以來，學術數學一直在努力，使這個領域公理化和形式化。

為什麼這麼做？如果我們真的使所有證明形式化，會有什麼好處？或許這樣能使我們對於一些定理更加確定。或許能讓我們深入了解真理的結構和性質。或許能幫助我們寫出電腦程式，產生新證明。或許把證明變成數學對象後，能讓我們證明關於證明本身的定理。或許就只是因為這樣看起來比較美。

不過，有一件事是形式化做不到的。它沒辦法讓我們把世界分成「可證明為真」和「可證明為假」的兩個部分。這正是當初促進形式化的重要因素：許多人認為它能提供系統化又客觀的方法，用以判斷一個敘述是真是假。後來這個希望突然而且永久地破滅了。

還記得我說過真假之間有個比較不為人所知的狀態嗎？現在我要來解釋給你聽了。

兩個數學遊戲

硬幣遊戲

→在桌上放幾枚硬幣

→雙方輪流

→輪到的人拿起 1 或 2 個硬幣

→拿到最後一個硬幣的人獲勝

找出必勝策略的困難程度：中低

小狗和小貓

→一開始是兩堆數量不同的硬幣

→雙方輪流

→輪到的人可以：

a. 從某一堆拿走任意數量的硬幣

b. 從兩堆中拿走相同數量的硬幣

→拿到最後一個硬幣的人獲勝

找出必勝策略的困難程度：中高

四色定理

任何地圖都能以四種顏色填滿，而且相鄰國家不會是同一顏色。

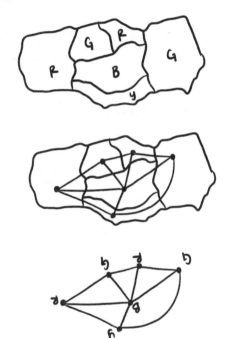

地圖上每個區域一種色。

任何沒有交叉的圖都能以四種顏色畫滿，而且相鄰的

四色定理

如何畫出十二面體

- 畫一個邊長和內角都相等的正五邊形。
- 疊上一個上下顛倒的正五邊形（較淡的線）。
- 從每個角往外畫出一條短線。
- 用 10 條直線把它們連接起來。

如何畫出二十面體

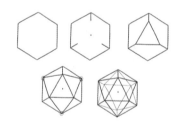

- 畫一個邊長和內角都相等的正六邊形。
- 從三個角往內畫一條短線。
- 用三角形連接起來。
- 把另外三個角和離三角形較近的兩個角連接起來。
- 可做可不做：重複所有步驟但上下顛倒（較淡的線）。

基礎
Foundations

對話錄
a diolog

那麼，有些事物可以證明為真，有些事物可以證明為假，還有⋯⋯

　　　　　等⋯⋯等一下，這裡有點奇怪。

嗯？

　　　　我們先前看過幾個證明。我們先提出一個主張，
　　　　接著提出具說服力的論證，說明這個主張為何為
　　　　真。但現在你只說些「可以證明⋯⋯」之類的，
　　　　那是什麼意思？

要講的東西很多！我們不可能解釋每一個證明。
我選了幾個適合的證明來解釋，但有很多證明相
當冗長，我不想講太多瑣碎的細節，讓你感到無
聊。

　　　　但你看過所有的證明嗎？這些證明全都有說服力
　　　　嗎？

大多數有。有些證明很美，你有興趣的話我可以
秀給你看。這些證明都很有說服力，非常強。我
承認有些證明我沒看過，但我知道已經證明了。
很多人引用這些證明，而且已經被認定是有效的
證明。

是誰認定有效？我不是想質疑你的判斷，只是覺
得每個人的想法不同，對某個人有說服力的東西
不一定能說服另一個人。你不會總是獲得陪審團
的一致裁決。所以這些很聰明、很懂數學的人應
該偶爾會爭執證明是否有效吧。

當然，每個人的想法都不一樣，但現在講的不是
法庭。大家支持哪一邊都不會得到好處。我們只
是一起探究事實。

可是……

此外，數學比一般人可能爭執的事情單純多了。
我們研究的是基本形狀和結構，沒有雙方各執一
詞這種狀況，沒有那麼多複雜的因素。

當然，但就算是你給我看過的證明，我也對其中
的主張有點困惑。我想我看得懂，但這些證明都
不是很好懂。至於你沒給我看的那些冗長又複雜
的證明，甚至你也沒看過的證明……我怎麼能相
信？你也知道這樣很奇怪，對吧？

的確如此。

我是說，世界上有沒有本來所有人都接受、但後
來證實是錯誤的「證明」？

嗯⋯⋯其實有。但真的是例外，不是常態。我們
有詳細的過往紀錄、同儕審查和各種程序。我們
對有效證明的把關相當嚴格。

但還是發生了？

對，但其實只有一兩次比較嚴重的疏失。

那是什麼定理？

是四色定理（Four-Color Theorem）。假設有一幅
虛構的世界地圖上有許多國家，我們想給每個國
家著色，但相鄰的國家顏色不能相同，那麼最多
用四種顏色就一定可以完成。任何地圖都可以。

但其實這個定理不正確？

不，這個定理是正確的！但很久以前有個人提出
了非常漂亮又簡單的證明，通過了同儕審查，大
家都很欣賞。

後來有人發現漏洞。

對，這個證明是無效的。它忽略了一種狀況。有
些人試圖補上這個狀況，但沒有人成功，所以這
個定理又被視為未證明，也就是「四色猜想」
（Four-Color Conjecture）。

等一下，那麼我們怎麼知道這個定理正確？

因為現在這個定理已經被證明了！用電腦證明
的。這個證明完全不同，包含一些相當複雜的圖
論，洋洋灑灑寫了好幾百頁。

看吧，你還是講得好像這個新的電腦證明絕對是
對的一樣。如果最後又證實是錯的呢？我們必須
回歸真正的事實，否則只是在繞圈圈。「數學說
x 為真，那就是對的，因為數學這麼說。」

所以你覺得我們都錯了？每個人，這麼多數學
家，全都錯在相同的地方？這樣的機率有多少？

但真的曾經發生過，對吧？所有人在同一個地方
全都想錯，在歷史上發生很多次了。大家只是人
云亦云，沒有人真的提出質疑。如果你覺得可能
有錯，還會被放逐或羞辱。

好……

我不是說這樣是錯的、是絕對客觀的錯。應該要
跟背景一起考慮，對吧？文化顯然會影響我們對
正確或明顯事物的認知。所以數學界對什麼樣的
證明可以視為有效已經有了共識，很好！你可以
遵守這些規則，我不會阻止你。我只是搞不懂為

什麼其他人也必須全盤接受。

好，當然，背景很重要，大家也可能一起出錯。
這在政治和道德上確實發生過很多次，科學上當
然也有。有很多事物曾經是科學共識，例如水蛭
和黃膽汁，還有某些科學領域根本就是種族主義
政治意識型態，只是以科學語言呈現。

沒錯！

但我認為數學不一樣，真的！至少讓我解釋一下
原因。

說來聽聽。

數學的狀況並不是某個孤立的文化在研究數學、
自我強化，同時打擊異己。就我們所知，每一種
人類文化都有自己的數學。他們的說法是：「每
個國家都一樣。」

好，這個說法不錯。

像天文學、地理和導航、計數和紀錄管理、幾何
學、建築、某些形式的貨幣和博奕、某些形式的
邏輯推理、灌溉、測量和建設等等。這些工具幾
乎都是我們所知的所有社會各自發展出來的。

　　　　　　對，每個社會計數時應該不會都算錯，不然這樣
　　　　　　很難合作。

當然，或許某個地方是在繩子上打結，另一個地
方是用計數符號，但概念都是一樣的。語言不
同、記法不同，但每個社會的數學多少都相同。

　　　　　　全部嗎？算術、幾何當然是。但各種數學都相
　　　　　　同？包括你提過的對稱群、四色定理、無窮與連
　　　　　　續體這些東西？你是說每個文化對這些概念都有
　　　　　　自己的詮釋版本？很難讓人相信。

好吧，其實不是的。

　　　　　　　　　　　　　　　　　　　　哈，對吧！

因為每個文化對數學注意的重點不同！馬雅人對
曆法研究得非常深入，畢達哥拉斯學派則對比例
非常著迷。所以最後發展出來的領域不同。

當然這也和價值觀和優先順序、美學等文化因素
有關。但這不影響數學的有效程度！不同的文化
只要注意到相同領域的數學，發現的東西一定相
同。

　　　　　　　　　　　　　　　　　　　　一定嗎？

就我所知是這樣。

　　嗯，那麼這是哪個文化？這是你從哪一本數學經典抄來的對吧？

你的意思是？

　　你說數學的三大領域是拓樸學、分析和代數，這是某個文化的想法，對吧？你告訴我哪些已經證明或尚未證明，也是依據某一群同儕審查者的說法。

沒錯是這樣。我猜以數學文化而言，現在已經跟以前不大一樣。現在有全球化趨勢，有飛機、網際網路等各種東西。當我們在世界各大都市談到數學，或是在奈洛比、上海或劍橋的知名大學攻讀數學時，學的都是相同的東西。

　　不過這是傳統。現代的、全球化的數學傳統是從哪裡來的？

嗯，它是藉由殖民和帝國主義從歐洲傳播到世界各地。但真正的數學本身嗎？就記號和我們關注的主題，以及我們使用的數學方法而言？如果仔細觀察，幾乎都來自阿拉伯和非洲穆斯林的數學傳統。

對，我覺得是這樣！我是說，現在我們使用的數
字通常稱為阿拉伯數字。

沒錯。就像演算法（algorithm）其實源自穆罕默
德‧花喇子密（Muhammad al-Khwarizmi）的名
字。它和十字（Philips-head）螺絲起子的名稱一
樣，意思是「花喇子密的發明」。此外，代數
（algebra）其實是阿拉伯文 al-jabr 發音錯誤的結
果，歐洲語言沒有這個單字。這個單字的意思是
把方程式中的某一項移到等號的另一邊，代數運
算就是這樣做的。

所以這些全都來自非洲對吧？

是現在稱為北非和中東的地方。當時界線沒有那
麼明顯，就只是一些社會彼此交易和交流文化概
念。有長達 500 年時間，歐洲忙著抵抗維京人和
彼此打仗，伊斯蘭世界則擁有長期的富足與和
平，有很多時間可以閒聊跟研究數學！

現在我們學的算術和代數大多都是他們當時發明
的。包括解未知數、小數點、無理數、多項式、
二次方程式，以及配方法等等。想想看我們現在
關注的全球數學文化，重點是抽象、操縱符號和
有條理的演算程序，這些都源自穆斯林傳統。

但平心而論，沒有哪個文化是獨自在研究數學！
「阿拉伯數字」系統其實借用自印度學者，這些
學者在梵文詩中探討數學。中國有算盤，很多人
用它來計算。al-jabr 只是在鄰近的歐洲風行起來
的一項工具。有好幾百年時間，歐洲最優秀的學
校是用阿拉伯文翻譯來的教科書在教數學。

這樣很棒，很高興知道數學來自哪裡。但我還是
覺得你有點閃躲。

閃躲？

在現代全球數學文化方面。所以這些概念來自伊
斯蘭世界。但你曾經說過，是歐洲把數學帶到全
球。如果我說得不對可以糾正我，但你講到現代
數學，不是解 x 這類古典數學，而是大學才教的
那些奇怪定理時，我們聽到的大多是歐洲人，對
吧？就我看來這很奇怪，因為我相信數學是普遍
且客觀真實的事物，不是源自文化。

嗯，我不是歷史學家，但我們都知道近幾個世紀
以來，被殖民國家相當地動盪高壓，歐洲以外幾
乎所有地區都無法倖免。這些定理被證明出來的
時候，世界上大多數地區都完全沒有機會接觸學
術界的象牙塔。

> 對！此外，如果整個社會瓦解之後重建起來，拿著粉筆大家一起研究形狀應該不是第一優先。

我想也是。這些歷史事件讓我們失去那麼多可能的數學人才，真的非常可惜。我讀到著名男性數學家的傳記時常常會想，如果他是那個時代的女性，這個故事會有什麼不同？

> 這個想法確實讓人沮喪。數學的力量顯然十分龐大，難怪許多人極力保護，想要獨佔它。

這個想法真奇怪。數學的核心概念就是它應該是全人類共有的！

> 對，好。所以假設你說得對，數學完全正確，被白人男性把持只是近代歷史的偶然，跟政治有關。

對。

> 這樣不也是在製造偏見嗎？如果大多是白人男性審查論文、在考卷上打分數，這樣不會影響教學內容和真實的判定標準嗎？

我還是看不出它會改變基本數學……

> 真的嗎？它怎麼不會改變？

我想這麼講：我了解它可能會影響我們研究和重
視的事物，甚至可能影響一般人提出或忽略哪幾
種概念。但數學本身已經存在。我覺得如果你證
明某件事為真，它就確實是真的。

　　　　　　　　　　　　　　　　　　嗯。

　　　　好，現在可以告訴我介於真和假之間的事物了。

好，太好了，我想你一定會喜歡它。它支持你認
為數學可能完全是人為產物的說法。

　　　　　　　　　　　　　　　　　繼續講。

不過你必須知道，這個結果對當時的數學家而言
非常重大。它打破數學是真實和謬誤的完美原始
結晶的說法，增添數學界高層人士不願承認的負
面消息。我們到現在都還沒有完全恢復。

　　　　好，那是怎麼回事？真和假之外的事物是什麼？

等一下，我想先說明一下脈絡。背景要交代好。

好的，當然。

那差不多是一百年前左右發生的事。帝國主義高
漲，結果釀成了世界大戰。主要牽涉其中的人物
和你猜測的差不多：一些富裕的白人，通常是生
下來就有昂貴的家庭教師在旁伺候，也有大把的
時間。差不多就是皇室或貴族吧。

好。

當時數學界有點小小的恐慌。這個恐慌和你剛剛
說的有點類似：我們怎麼知道這些是真的？當時
抽象代數非常紅，研究深層結構和邏輯本身的性
質。許多數學縮減成公理、形式系統、點和線、
依據某些深奧的規則移動符號。很多人開始想，
這到底是怎麼回事？

這很合理，我們從基本直覺論證進入抽象的形式
遊戲時，會開始懷疑自己做的是不是正確。

對，會變得很棘手。會問：這樣為什麼可行？

這些人能承認自己有疑慮是件好事。

其實這樣的人不是很多，但一兩個就足以造成問

題了。有一位荷蘭拓樸學家開始發聲，說：「數學是人類直覺的擴大。」還有各種令人難堪的哲學主張，破壞形式數學的合理性和地位。

其他數學家氣瘋了！有些數學家聯手把這位拓樸學家踢出頂尖數學期刊《數學紀事》（*Mathematische Annalen*）。他們不希望他影響其他人，讓這個褻瀆不敬的概念傳出去。

> 但這些對合理性的破壞不是本來就存在嗎？如果數學可能受到這些小小的政治動作影響的話。

對，它原本就不打算當成最終結論，而只是為了爭取一些時間。這些人的終極目標是一勞永逸，證明數學證明是判定真假的最終基準。

> 所以他們想證明數學是合理的。用什麼證明？數學嗎？

我知道，現在看來，他們的想法十分可笑。

> 這不是很明顯嗎？我覺得他們應該都能馬上發現問題。

喔，沒那麼簡單。他們不是想證明數學是「合理的」，這其實沒什麼意義。一般人天天在用數

學，而且一向沒問題，就這方面而言，數學本來
就很合理。

他們想做的是為數學建立穩固的基礎，讓一切都
能依靠的堅實立足點。在此之前，「證明」的概
念只能依靠直覺：它是否有說服力？這個標準似
乎既脆弱又不可靠，尤其是面對奇怪的抽象對象
的時候。所以他們希望改換成比較嚴謹的新證明
形式，更有條理和系統化，不受證明者所影響。

　　　　　你的意思是，他們想排除直覺和主觀性。

也可以這麼說。

　　　　　我不懂這怎麼可能。我們可以用一堆嚴格的規則
　　　　　提出新證明，但每個人還是必須同意這些規則。
　　　　　它們不是從天上掉下來的，每個人也是依據直覺
　　　　　和主觀性來提出這些規則。

好，不過問題在這裡。它的重點是從最基本的邏
輯開始逐步發展。

　　　　　麻煩解釋一下。

好，人們對於形式證明的定義可能會有基本上的
差異。你或許覺得這些新奇的電腦證明不可信。

你或許認為我們不應該玩弄無窮，我們根本不知
道自己在說什麼，所以牽涉到無窮集合的證明都
不可信。

　　　　　　　　　　　　對，意見不同的空間很大。

沒錯。有人說無理數其實並不存在。甚至有人認
為**分數**也有點可疑，我們只應該研究整數！

　　　　　這太誇張了！但這真的很有趣，我很想跟有這種
　　　　　想法的人聊聊。

但重點是：我們越深入，感覺就越困難。我們可
以很有把握地說基本計數是合理的，對吧？

　　　　　　　　　　但我相信連這點也一定有人不同意。

沒錯。有一位數學家主張，連整數也有極限，非
常非常大的數並不存在。但沒有人相信這個說法。

所以，這個計畫就是這樣。這些著名數學家打算
自力救濟，從最基本的東西，也就是他們所謂的
零階邏輯（zeroth-order logic）開始，證明所有一
階邏輯，接著證明基礎算術。再用這些來證明無
理數，然後是虛數。在這個堅實的系統中一個一
個證明每個已知的數學事實。

如此一來，所有抱持懷疑和反對態度的人以後都
得寫一封非常正式的道歉信了。

　　　　　　　他們想用基本邏輯重新證明所有定理？

其實沒有那麼恐怖。我們可以讓較低階的部分
「併吞」較高階的部分。我們先找出高階的證
明，運用較簡單的對象和規則，把它轉換成低階
的證明。如此就能回歸基本邏輯。

　　　　　　好。聽起來很合理。但如果有人不相信基本邏輯
　　　　　　呢？

真的嗎？你連**邏輯**在客觀上是真實的都不相信？
「若 P 為假，則非 P 為真」，你否認這個說法？

　　　　　　我沒有！我相信邏輯，我可以讓你假設基本邏
　　　　　　輯，因為你聽起來似乎要朝支持我的方向走。

　　　　　　但重點就在這裡：你還是必須假設一些東西！你
　　　　　　不能憑空證明任何事物。你必須有起點，有最初
　　　　　　的前提，這個前提來自你的直覺。

我是說，到某個時候，我們不能說一樓是基本條
件嗎？「A 蘊含（imply）B，以及 A，因此為 B」
不對嗎？

　　　　　　　　　　　　　　這還只是假設。

好，你說得對。我們沒辦法對固執的人證明什
麼。如果你不接受基本邏輯，就也不可能接受整
個計畫的其他部分。

但這是你的損失！看看你錯過了什麼！如果這個
自力救濟計畫成功，就能把所有真正的數學事實
放進一致的架構，放進有條理的結構。

　　　　　　　可以這麼說，因為這本身是個不錯的目標。

對，這不是很有吸引力嗎？由所有真實敘述構成
的一堆密密麻麻的知識！

　　　　　　　　　　「真與假的知識之樹。」

對，沒錯。但你拒絕這麼做。什麼？因為你不相
信邏輯？別鬧了。

　　　　　　好，我懂。如果我們都認同某些基本邏輯原則，
　　　　　　就能進入這個龐大的數學知識系統。

數學是物理學的基礎，物理學又是化學和生物學
的基礎，而這兩者是人類行為的基礎，如此繼續
下去。我們或許能從基本邏輯推論到**所有**主題，
把所有事實集中成樹狀圖。這時我們將能達成萬

物的客觀性。客觀性將不再是複雜模糊的東西，
而是「數學事實樹上的東西」。

主要概念就是這樣。

　　　　我看得出這個概念很令人著迷，對於一群覺得自
　　　　己說什麼都對的貴族而言尤其如此。

沒錯，所以這些皇族和學者開始動手做了。他們
做得相當不錯，研究出如何以整數表示實數，並
且以數字 0 和「加 1」的概念得出所有整數。

　　　　　　　　　　　　　　　這樣很厲害。

他們把這些成果結合起來，接近大功告成，只差
一步。

　　　　哇，只差一步？所以他們用基本邏輯幾乎研究出
　　　　微積分和其他東西？

對，反正他們時間很多。

　　　　　　　　　　　　那最後一步是什麼？

他們必須證明算術是完備的。他們的版本，他們
以 0 和「加 1」建立的簡陋版本。他們必須證明
它能證明所有的算術事實。

> 好。我不確定他們怎麼證明這種東西，但是好，
> 最後一步就是這樣。

他們非常興奮，買了一堆香檳準備慶祝。他們
真的覺得快要成功了！所有數學，只靠六個公
理和四個推論規則就推導出來。這是這些領域
的文化現象。他們撰寫《數學原理》（*Principia
Mathematica*）這樣的書籍。當然有人說他們瘋
狂，說他們不可能成功，說這些事沒有意義。但
沒有人理會他們，因為他們都沒加入《數學紀
事》的編輯委員會。

> 所以到底出了什麼問題？

這是場大災難，非常丟臉。下手的是他們自己的
成員。

> 太戲劇性了！

有個人名叫哥德爾（Gödel），跟烏龜（turtle）剛
好押韻。他證明了他們的一階邏輯證明是完備
的。大英雄！他完成證明時才 20 幾歲，還有很
多時間可以做更大的突破。他似乎可以證明算術
也是完備的。

> 我來猜猜看：他證明了他們的算術模型不是完備的。

比這個還糟得多。

他做了什麼？

他證明了世界上**所有可能的**算術模型都不完備。

所以……

所以這個自力救濟計畫不可能成功。我們無法證明一個形式系統的所有數學事實，甚至無法證明一個形式系統的所有算術事實。

哇，你怎麼證明這點？

跟證明連續體不可能列成清單的論證方式大致相同。選擇一個包含所有算術事實的系統，再找出缺漏的事實。只要找到一個句子，然後說「這個敘述不可能以公理證明」就可以了。

蛤？很好，我可以想像是什麼狀況。

如果他們想把缺漏的事實當成新的公理添加進去，只要再做相同的程序，找出新的句子，說「這個敘述不可能以**那些**公理證明」就可以了。

太棒了。重點是其他人都認可他的證明有效。

大家都認可，沒有人可以否定。已經到了這個地

步，又沒有人找出哥德爾的邏輯的缺陷，他的邏
輯無懈可擊，所以只能發表出來。

哇，真佩服他們。

就是這樣。這個夢想就此破滅。他們不得不把
《數學原理》丟到沒有人看得到的地方。有些人
就此放棄數學，轉而研究哲學。有些人研究形式
語意學、語言學、計算理論……最後這門學問後
來發展成初期的程式語言。

不意外。這些公理系統聽起來很像程式語言。裡
面有很多 if 和 then，很多變數和嚴格的規則等。

演算法也是。他們已經開發出詳細的演算法，用
這個完美的自助系統自動生成新事實。早期的電
腦不是用來看照片的，而是用來進行這類有系統
的運算，所以最早的時候叫做「計算機」。

這故事很好。他們已經快要打造出自動事實機
器，但後來沒成功，因為這是不可能的。

那麼真和假之間的狀態究竟是什麼？

嗯，我不應該那麼直接地說「真和假之間有某種
事物存在」。對於哥德爾的證明有什麼含意，以

及我們應該怎麼詮釋，每個人一定有不同的看法。你覺得它有什麼含意？

　　　　　　　　　　　　　　　　　有什麼含意？

它的重點是形式化的證明系統無法證明所有的數學事實。

　　　　　　　　　　　　　　　　　嗯⋯⋯

　　我覺得不太意外。我們可以討論普遍事實和客觀證明，那些東西或許存在——天曉得，說不定真的有！但就實際層面而言，**實際上**，「證明」一定會提出我們認為有說服力的論點。論點必須依據直覺、主觀性和社會環境，一定逃不了的。

　　永遠有些人認為自己才是對的，對吧？我的意思不只是每個人都認為自己是對的，而是「自己才對」，客觀的對，上帝也會支持的那種。他們甚至試圖證明不只是自己這麼想，不同意的人都是錯的。但最後只讓他們顯得愚蠢而已。

　　這些人想把直覺排除在數學之外，把事實化約成公式。我得說這樣非常魯莽。他們彷彿投入所有資源，做到最好，但結果不是這樣。所以對我而言，它的含意是事實難以掌握，也不遵守人類對

　　　　　　　　　　　　秩序和控制的想法。

這個看法非常好，我了解你的意思了。

　　　　　　　　　你呢？你怎麼詮釋哥德爾？

嗯，我介於兩者之間。

或許我有點老派，但我還是認為數學是真實的！
我認為數學讓我們更了解真實是什麼，以及它具
有什麼樣的結構或節奏。我認為證明相當重要，
邏輯相當重要，它們不是企圖以思想限制現實的
愚蠢行為。我認為它們其實呈現了宇宙的運作。

在數學中，有些事物被證明為真，有些被證明為
假。後來哥德爾指出，有些事物兩者都不是。有
些事物被證明無法證明。他們說那是「獨立於
ZFC 的公理」。這些問題沒有答案，不是因為還
沒有找到，而是真值沒有定義。

所以我們有兩個選擇，但兩個都不理想。我們可
以說其實還有第三類：**無法得知**，或說不確定。
或者我們必須接受真實不完全等於可證明，有些
真實敘述永遠無法證明，唯一的答案是「形而上
的直覺」這類軟弱無力的說法。

但這只是我的看法，我們可以各自保留自己的看
法。

好，這樣看來，其實我們的看法相同。

當然不同。

數學裡的幾種哲學

柏拉圖主義（platonism）：數學對象確實存在於某個「柏拉圖國度」。

直覺主義（intuitionism）：數學是人類直覺和推理的擴大。

邏輯主義（logicism）：數學是邏輯的擴大，而邏輯是客觀且普遍的。

經驗主義（empiricism）：數學和科學一樣，必須通過檢驗才能相信。

形式主義（formalism）：數學是符號操作的遊戲，不具更深層的意義。

約定主義（conventionalism）：數學是數學界公認事實的集合。

一個邏輯謎題

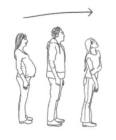

有三個非常講究邏輯的人排成一排，每個人都只能看到自己前面的那個人。

有個賣帽子的人給他們看三頂白色、兩頂黑色的帽子。她為每個人戴上一頂帽子，把剩下的兩頂藏起來。

她問：「誰知道自己戴的是什麼顏色的帽子？」

沒人回答。

「現在誰知道自己戴的是什麼顏色的帽子？」

沒人回答。

「現在誰知道自己戴的是什麼顏色的帽子？」

這次有人回答了。

是誰回答的？這人戴什麼顏色的帽子？

更難一點的邏輯謎題

三個完全相同的三胞胎守著三扇完全相同的門。

三胞胎中的老么每次都說謊；老大每次都說實話；

老二喜歡惡作劇，說起話來隨性而為。

老二守的門是死路一條，另外兩扇門則是出口。

你可以向三胞胎之一問一個問題（而且不知道問到的

是誰），然後必須選一扇門。

你會怎麼做？

建模
Modeling

模型
models

自動機
automata

科學
science

模型

好，好，我聽到大家的聲音了。這些到底有什麼用，對吧？公理、雙環面和三環面、連續體總和、壁紙對稱。學這些要做什麼？世界各地、古往今來所有學數學的學生最常講的一句話是：

真實生活中什麼時候用得到這些？

我通常盡量避免直接處理這個問題，因為數學家真的不在乎實際用途（我保證這是我最後一次提這件事）。實際用途屬於**應用數學**的領域，它是**純數學**的另一面。但我們前面已經看過純數學的三大分支，再加上一點點歷史和哲學，接下來還有一些篇幅，所以我會接受這個問題，談一兩個與應用數學有關的主題。硬派人士覺得這些「真實生活」主題與本書無關又讓

人分心，但我決定要這麼做。

　　尤其是，最後這部分談的是建模（modeling）。建模是結合數學與真實世界的途徑。當然，真實世界中有很多地方可以看到數學，但建模是讓我們清楚了解這些連結的共通架構。它讓我們可以很容易來探討這些連結，去探究它，學習新事物。

　　模型包含兩個要素。模型本身的運作方式是這樣的：一套內部的數學規則，負責判定抽象的模型世界中的一切如何運行；接下來（這是最重要的部分），會有某種轉換過程，把模型與外在世界連結起來。

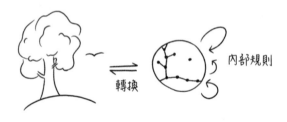

　　當然我省略了許多繁複的細節，但即使是這麼概略的說明，讀者應該也能了解我們可以藉由這樣的安排做些什麼。我們可以觀察真實世界中的事物，轉換成這個模型的語言，依據模型的內部定律推論新事實，再轉換回真實世界。換句話說，我們可以跳進虛構的數學世界來學習真實世界。這是新的方法。

　　我們來看一個例子：音樂理論。音樂理論就是音樂的抽象模型。真實世界中的音樂是迴盪在空中、複雜又混亂的一連串振動。我們把這些振動轉換成一套音符與和弦的符號系統。在

這個抽象系統中，有特定的規則或準則（對應到某種音樂類型或傳統），規範哪些音符能和哪些和弦搭配，哪幾組音符聽起來具有張力、令人悲傷或放鬆，哪些和弦通常跟在哪些和弦後面。這些都是模型裡的東西。它們是經過簡化的真實世界代表，讓我們容易處理、分析和預測真實世界的事情。

　　的確，抽象時會流失細節。這種轉換稱不上完美無瑕，模型世界也不可能成為真實世界的同構。這沒關係。如果要在即興演奏會上表演，我們只需要知道和弦進行、節奏，以及是什麼調就夠了。如果你去分析流入耳中的聲音的每個面向，一定會覺得完全不知從何下手。這時候應該簡化到基本狀況，也就是抽象。「音符」和「和弦」都不是有形的實體。這些概念存在於模型世界，內部有一套互動規則，而且對應於真實世界中的聲音。它們是有用的理論架構。

　　這是一個好模型的關鍵：好的模型有一個漂亮的簡化過程，帶領我們到達音符或和弦之類的基本但有用的單元。我們在模型中運作時，會暫且假裝這些東西真的是不可分割的單元，具有固定的行為法則。這點不完全正確：音符其實包含泛音、回音和四處反射的殘響，不斷撞擊我們的耳膜。但如果先

假設這點**完全正確**，讓一個音符就是一個音符，這樣的微小世界模型能夠對我們有用，那麼有何不可呢？

　　有時這類簡化過程會有點過度，我們從過度簡化的模型取得真實世界的結論時必須格外小心。我們往往很容易提出不太正確甚至明顯錯誤的假設，所以必須拿捏好「簡化」和「有用」之間的平衡。有個老笑話是一位學者應邀到酪農場去協助提高牛奶的產量，他說：「我有個解決方案，我們假設有一隻球形的乳牛……」

　　接下來這個建模的例子屬於經濟學領域。假設有一種產品很多人都想買，例如辣椒醬。後來發生某種狀況，例如害蟲肆虐辣椒園，因此辣椒醬的產量減少。接下來的情形可以想像，就是辣椒醬漲價了。這類真實世界的規律性非常適合建立模型。某種物品突然短缺時，它的價格通常會提高。

　　當然，「價格」不一定只是一個數字。價格取決於我們購買辣椒醬的地點、銷售者、銷售者的商業模式，甚至還包括銷售者認為我們是否富有。短缺發生時，沒有立即得到消息的銷售者可能會繼續以原價銷售辣椒醬到賣完為止。此外，不知道發生短缺的購買者可能拒絕以較高的價格購買。也可能辣椒醬在某一群人的心目中有個「公平價格」，因此銷售者可能不願

意漲價。價格可說是最複雜、潛藏因素最多的事物。

　　但我們建立模型時，可以做出價格各地都相同、只有單一數字的簡化假設。我們也可以假設「需求曲線」和「供給曲線」（為了便於建模而發明的進一步抽象）是取決於價格的簡單函數，可以告訴我們消費者對辣椒醬的需求以及銷售者將會生產多少。我們可以假設在「競爭市場」（也是抽象）中，會達到一個新的「均衡價格」（又是抽象）。在以這些假設建立的理論世界中，我們可以解出這個均衡，再轉換回去，預測真實世界中的價格。在某些例子中，這個供給需求模型提出的預測相當精準。

　　當然，我們必須留意自己做出的假設。新古典經濟學（neoclassical economics）有個標準假設是人類是理性的動物，我們具有與生俱來而且一致的偏好，我們會追求薪水最高的工作和價格最低的產品，我們對大多數事物都有完整的資訊。但在真實世界中，這些假設大多數都不正確。這些假設都經過簡化，方便我們進行預測。如果預測成功，太好了！模型有效。但這不表示這些假設是對的。人類在許多方面的表現並不理性。我們會過度逃避風險、不會好好規劃未來、我們會購買昂貴物品導致財富減少、我們會有差別待遇、我們會把工作交給親朋好友而不給更適合的外人等等。如果在這些例子中套用標準模型，模型將會失效，預測也會大幅失準。

　　這是建模時的重要關鍵：模型只在特定範圍內有效。在某個領域（例如經濟學）可以提出正確預測的假設可能和在另一

個領域（例如社會學）中提出正確預測的假設完全不同。這不代表一個模型正確而另一個錯誤，只代表我們必須知道什麼時候該用哪個模型。如果覺得有某個模型可以適用於各種狀況，很可能我們只是忽略或低估了不適用的狀況。模型不可能永遠適用。

　　還有一個例子：讀者是否曾經看電影看到一半時，就能預測到接下來會如何發展？仔細想想，這很不簡單。我們要怎麼預測未來？一定是以往看電影時，在心裡發展出「電影通常怎麼演」的模型。我們把流進眼睛和耳朵的資訊簡化，把像素轉換成角色、對話、動機、關係等抽象單元。接著套用某些不成文規則：「如果他們拿出上膛的槍，他就會在電影結束前中槍」或是「這個超級種族主義的角色一定會得到報應」或「電影結束前 20 分鐘左右，他們會因為這個角色的缺點而分手，但他會得到教訓，做出非常浪漫的行為。他們會戲劇性地復合，從此幸福快樂地生活下去」。當然，這些都不是嚴格的數學規則，這些預測或許也不是每次都正確，但我們還是在進行粗略的模型建立。我們在腦海中設定一組規則，用來套用在各種類似的真實世界狀況上。

　　的確，歸根結柢，我們腦海裡的運作就是這樣。我們對周遭世界的詮釋不是光線和聲音，而是分成物品、實體、我們預期會做出某些表現的分析單元。我們看見自己分類為「汽車」的物體和分類為「綠燈」的物體，接著我們會想，綠燈時汽車通常會直接通過。如果我現在過馬路，可能會被汽車撞上。人

類的感知和認知都和圖形辨識有關，要辨識圖形，我們必須先把周遭連續模糊的現實加以抽象，變成具有固定表現模式的離散物體。

不過同時必須注意！模型不一定是數學模型。模型世界的內部規則可以是粗略的定性描述，例如「異性相吸」或「物以類聚」。其實，建立這類非數學模型應該簡單得多。畢竟，提出精確數值預測的模型很容易就可證明是錯的。

因此，建立數學模型就能這麼輕易地理解世界，是相當令人驚奇的事。如果仔細觀察，許多事物以數學來描述其表現時相當令人驚嘆。

選擇一個鑰匙之類的小物品，用左手把它向上拋，再用右手接住。這個物品在空中移動的路徑是理想的拋物線。無論我們怎麼丟，它一定會沿著拋物線路徑移動。它是數學對象，是精確的幾何形狀，而且是在實際生活中！

此外也可以把一條細繩掛在兩個點之間。這條細繩的形狀稱為懸鏈線（catenary），和雙曲餘弦（hyperbolic cosine）的圖形完全相同。電話線、沒有墜子的項鍊，以及絲絨圍欄帶等，無論什麼材質，都會形成相同的形狀（順便一提，這個形狀的方程式含有無理數 e。e 源自對於複利的研究，但複利和細繩懸掛的方程式完全沒有關係）。

　　再來談一個形狀，這個形狀比較複雜一點。把相機架在三腳架上，指向天空。在某個時間拍一張照片，相機保持在原地不動，第二天同一時間再拍一張照片，如此每天拍一張，連續拍攝一年。太陽在一年內移動的路徑在數學中稱為日行跡（analemma）。

　　以上是一些複雜形狀的例子，因為簡單的數學形狀在自然界中十分常見，我們幾乎常視而不見。當你吹肥皂泡時，肥皂泡會形成完美的球形。把石頭丟進池塘裡，漣漪會形成完美的圓形。這些例子似乎沒那麼了不起，但也指出是某種數學邏輯在幕後發揮作用。

　　在自然界中，這類數學現象出現的次數遠比實際形狀多得多。另一個我們不應該視為理所當然的類似例子是鐘形曲線（bell curve，也就是常態曲線）。鐘形曲線方程式可用來預測自然產生的資料集內各種數值性質的分布方式。舉例來說，以下

是美國女性身高的分布圖：

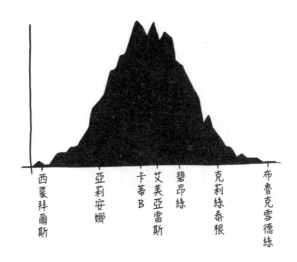

西蒙拜爾斯　　亞莉安娜　　卡蒂B　艾美亞當斯　碧昂絲　　克莉絲泰根　　布魯克雪德絲

這是美國聯邦律師資格考分數的分布圖：

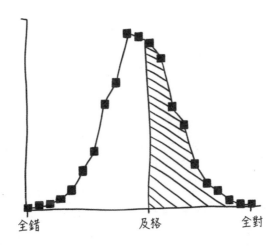

全錯　　　　　　　　及格　　　　　　全對

這是 2001-2009 年告示牌排行榜冠軍歌曲長度的分布圖：

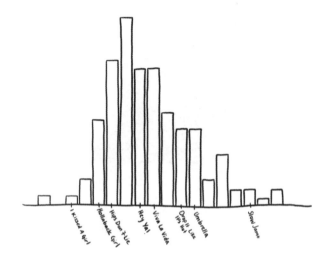

以下是《價格猜猜猜》（*The Price Is Right*）節目裡的彈珠台遊戲中的彈珠落點分布圖：

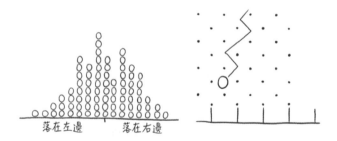

分布會受到隨機性影響，所以不會每次都完全相同。但一般來說，樣本數量越大，就會越接近平滑對稱的鐘形曲線。

（順便一提，這個曲線的方程式不僅包含計算複利用的 e，還包含圓周率 π。這像不像宇宙在跟我們開玩笑？）

　　我覺得最古怪的地方是，完全相同的公式竟然會出現在不同的研究領域，而且背景完全無關的情況。舉例來說，著名的重力方程式告訴我們，如果知道兩個微小物體的質量，則兩者間的引力是：

　　而且，如果知道兩個微小粒子所帶的電荷，則兩者間的引力或斥力是：

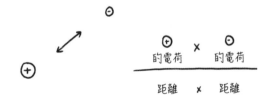

　　而且，聽好了，如果你知道兩個國家的 GDP，它還可以滿正確地估計兩國間的貿易額：

更棒的是，簡諧運動（simple harmonic motion）這個數學過程可以絲毫不差地描述繃緊的細繩的振動、一年中的白天長度（＊）以及平均氣溫、掠食者與獵物的物種數量、圓旋轉時某一點在各個時刻的高度、潮汐高度，以及彈簧的壓縮等。

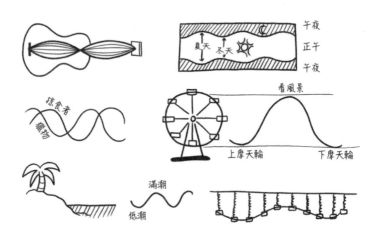

這是怎麼搞的？別忘了，我們建立模型的目的是要有用，是要建立方便的系統，以有條理的方式概述我們的觀察結果。模型的規則可以是任何形式，可以很粗略也可以很精確。但因

為某些原因，我們經常發現數學規則所建立的模型最好，數學模型運作得十分精準，而且出現在許多地方。

順帶一提，從歷史上來看，數學經常比實際用途更早出現，幾乎毫無例外。純數學家一向只研究自己覺得有趣的東西，但結果經常是：某個新的數學領域先出現並有人探索，幾百年後，新的實驗科學領域出現，正好需要這些數學概念和結果。我們不是針對真實世界而發明數學，而是先發現某種數學，後來才知道世界剛好就是那個樣子。

我們該怎麼解釋這種現象？這世界為什麼這麼容易建立數學模型？

最誠實的答案是：沒有人知道為什麼。這是數學哲學家的熱門爭議話題，我也不想裝懂。不過在純數學界，流行這樣的做法：大家都不會直截了當地跑出來說是怎樣怎樣，不過當我跟夠多的人討論過後，就有信心說，我們許多人相信它是對的。

我們能在自然界中觀察到數學模式，可能是因為**世界本身就是數學構成的**。或許宇宙基本上就具有數學性質，有個「唯一真理模型」能完美地解釋它的種種表現。

好，我們就直說了：這個說法聽起來很瘋狂，但先聽我們說完。

自動機

世界怎麼可能由數學構成？我暫且假設這點成立。

讀者以前可能看過由數學建構的世界，這樣的世界稱為模擬（simulation）。當然，模擬大多只是活動不多的小小世界，裡面有幾個行為可以預測的物體，呈現預先設定的情境。它跟我們這個無法預測又精細複雜的世界完全不同，但我們總是得從某個地方開始。

早在電腦問世之前，數學家就已經發明模擬了。如果你的模擬夠簡單，就只要用紙筆就能進行模擬，就像玩遊戲殺時間一樣。我們通常會稱它為「自動機」（automaton，也稱為自動機械），而不說「模擬」，但其實是相同的東西。有設定好的規則來規範一切如何運作，我們選擇好起始設定，接著讓它開始運作，看看會有什麼結果。

以下是我們可以手工執行的簡單模擬。世界是一條單車道的馬路，由離散的方塊組成。

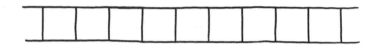

唯一的物體是一輛汽車。這輛汽車依據以下的移動規則行
動：

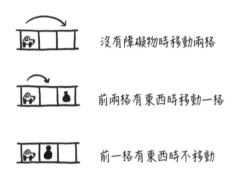

如果我們在路上放一輛汽車，然後按下「播放鍵」，不難
猜想到接下來的狀況。

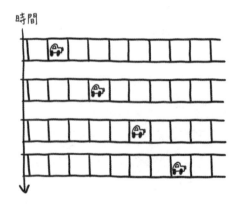

如果一開始就放五輛汽車呢？這樣比較複雜一點，但還不算太複雜。我們一輛輛看，檢視每輛車應該走幾格，然後進到下一個時間步驟。我們扮演電腦的角色，也就是進行重複計算。

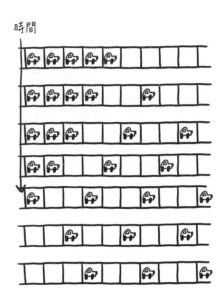

這是非常基本的自動機（一維、離散且確定），但已經足以呈現真實世界中的某些現象。舉例來說，我們可以增加「車禍有人看熱鬧」的規則：

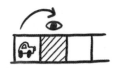
經過熱鬧地點時只移動一格

現在，一開始就有無限多輛汽車，每輛車間隔兩格，朝熱鬧地點移動。

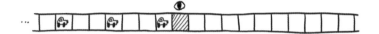

這樣，執行模擬下來會有什麼結果？

交通事故造成漣漪效應，使後方車流減慢，但通過之後，就能恢復巡航速度。聽起來好像沒錯，對吧？自動機就像自己會動的模型，彷彿有生命一樣。

如果有興趣的話，請看看我所做的：每輛車的每一步都依照這四條規則移動。讀者也可用繪圖紙自己執行一次模擬，或是以新的起始狀況再試一次，看看會有什麼結果。有些人認為這些事情單調又無聊，有些人則覺得有趣又療癒。

這類模擬依然是「簡略到根本不像真實世界」。沒錯，它可以呈現某些基本模式，但我們都知道真人駕駛比四條公式化規則複雜多了。真人會分心、會抽筋、有要去的目的地。此外，如果要做出真正的「萬物模型」，要呈現的就不只是路上奔馳的汽車，還要有飛過的小鳥、引擎的吼聲、國際情勢，以

及幾座城鎮之外一位正在打盹的特技演員左手腕的脈搏。這個基本的汽車自動機例子顯然無法滿足這個要求。

差不多了！我們已經暖身完畢，現在來看看歷史上最著名的自動機。它仍然比真實世界簡單得太多太多，但它呈現的某些行為或許能讓我們相信，這個世界像是非常複雜的自動機。

這個自動機的名稱相當貼切，就叫做「生命遊戲」（Game of Life）。

這個自動機和汽車的例子一樣，是離散的正方格構成的世界。在生命遊戲中，世界是二維的網格，朝四面八方無限擴張。每個格子有「開」和「關」兩種狀態。但是和汽車例子不同的是，這些格子不代表真實世界中的任何事物，只是普通的正方格，狀態可能是開或關、黑或白、填滿或空白。

「生命遊戲」中有三個規則決定所有事物的行動。每個格子在下一個時間步驟中的狀態（開或關），由這個格子周圍的八個方格（包括對角）在這個時間步驟中的狀態決定。

如果「關」的方格周圍剛好有三個方格為「開」，則此方格轉為「開」。

如果「開」的方格周圍少於兩個方格為「開」，則此方格轉為「關」。

如果「開」的方格周圍有大於或等於四個方格為「開」，則此方格轉為「關」。

　　這部自動機的每個步驟需要檢視的格子較多，有點難手動操作。但如果理出頭緒，有完整的概念，就能以各種起始設定進行模擬，看看會有什麼結果。

　　有些起始設定會進入穩定狀態，並且永遠持續下去。

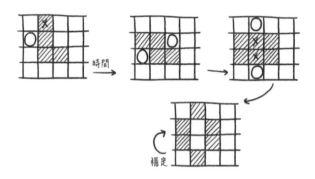

　　有些則很快就陷入一片空白。

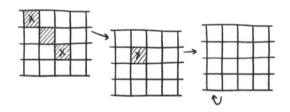

　　有些會形成「閃燈」，一直在兩種狀態間跳來跳去。

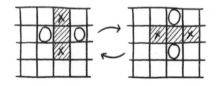

　　有些設定是「滑翔機」，會變回最初的起始圖形，但朝右下方移動。

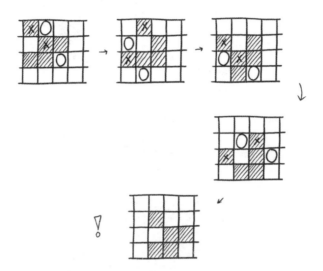

　　這類狀況稱為滑翔機的原因是經過幾個循環之後，它會無限地朝右下方移動。

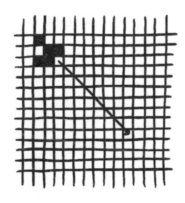

接著還有幾種設定……

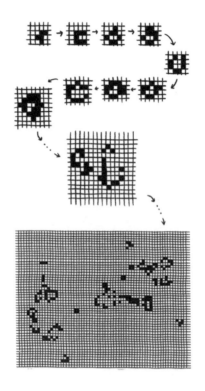

　　這些由五個方塊構成的 R- 五格方塊（R-pentomino）發展成一整個彼此互動的生態系統，產生靜物和閃燈、射出滑翔機、演化和擴大到很大的區域。1000 個時間步驟後，它會停留在穩定重複的模式，但在這之前，它看起來會非常像生物（這時候不建議手動執行運算）。

　　這類狀況在「生命遊戲」中不算少見。起初相當簡單的圖形有時會突然變成結構穩定但龐大又混亂的世界，以有趣又不

明顯的方式移動和互動。聽起來很熟悉對吧？

有一個起始模式會永不休止地以規律間隔射出滑翔機，導致無限制生長。有一種圖形稱為「羅賓爵士」（Sir Robin），像西洋棋中的騎士一樣在格子中遊蕩。有一種模式稱為「雙子星」（Gemini），經過幾千個時間步驟運算後，可產生和本身一模一樣的複製品（當然，網路上有個狂熱團體專門發掘這類事物，還會頒發「年度模式獎」）。我們想像得到的各種表現都會出現在這些黑白網格中，什麼樣的模式都有。

還是覺得它太簡單，跟真實世界相差太多嗎？這麼說可能也對。我們確實不是生活在平坦、離散的黑白世界裡。這個「生命遊戲」（以及棋盤和這些規則）都是抽象的，採用的原因不是它能反映真實世界，而是容易操作，但我們製作自動機時本來就能任意設定規則。

我們可以用六角形棋盤來製作自動機：

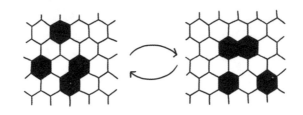

也可以使用兩種以上的方格狀態：

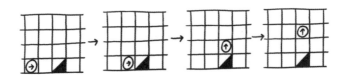

　　依據我們選擇的規則，這個虛構世界的表現往往大不相同。有些世界無論一開始是什麼模式，很快就崩潰消失。有些則像大霹靂一樣，從一個小點炸開來。

　　你如果不希望自動機由一格格的網格構成，也沒問題：我們可以讓自動機在連續盤面上運作。這個時候，運作規則就不是「狀態為『開』的鄰近方格」，而是「狀態為『開』的局部環境比例」。以下是稱為「平滑生命」（SmoothLife）的自動機，看起來很像培養皿裡的狀況：

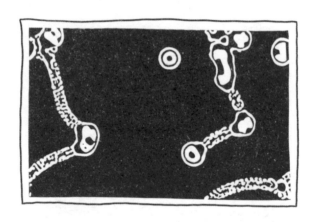

　　我只從兩大類自動機中各舉出一個例子，但別忘了選擇有無限多種。我們決定好設置世界的維度和空間，再設定基礎對象或方格狀態之後，仍然有無限多種規則可以任意選擇。對象的行動和演化可以連續或離散、確定或不確定、局部確定或受某個時刻世界的整體狀態影響。只要稍微改變某個規則中的某個變數，我們就會發現世界的變化多得驚人。

　　所以，還會很難想像世界上有自動機可以產生這種東西嗎？

　　如果這個問題讓你覺得不大自在，可以把這一段當成真實生活的破哏警告。這本書的最後一章將介紹一個很特別的自動機，稱為粒子物理標準模型（Standard Model of Particle Physics）。它是連續的三維自動機，包含 17 個基礎對象和大約 12 條演化規則。從某個起始條件開始，我們按下播放鍵之後，接下來的狀況變得十分怪異。

　　這個「標準模型」是目前最能以純數學方式呈現真實世界的模型。它不是完美無瑕，但已經接近得讓人有點毛骨悚然，就像現世變成怪誕的夢境。或者依某些宗教的說法，它或許像是更高層次的現世，使日常生活變得像怪誕的夢境。

　　如果你不想看到這些（就像不想看到原始碼也是人之常情），那麼建議您現在就放下這本書。真的，我不會生氣！我希望你過得快樂，繼續學習新事物。這本書已經結束了，掰掰，祝你有愉快的一星期！

　　但如果你**真的**想知道，想進一步深入了解，看清楚每一個像素，那就請繼續讀下去。最後一章就是為各位而寫的。但請做好心理準備：我接下來寫的其實不是事實，而是非常有用的探索事物的方法。

科學

以下是「標準模型」（Standard Model）這個數學遊戲的規則。這些規則還沒有完全確定，事實上，我們知道現在我們採用的模型不是百分之百正確，但已經非常接近了。遊戲規則如下。

一開始是個空白的三維空間。至於是哪個空間？我們不確定。別忘了，拓樸學家有許多種三維空間，局部看起來就像……這樣。宇宙學家依據他們的模型和假設，已經對宇宙的形狀做了許多研究。這對我們的目標其實沒有影響。我們就假設要研究的是基本、無窮、不彎曲的三維空間。

現在我們有個龐大的虛無空間。我們可以在這個空間中的任何一點放置一個無限小的點狀物體，稱為粒子（particle）。這個空間是連續的，沒有劃分成方格，所以我說的確實是任何一點。不要把這裡的「粒子」想成小球，它就只是一個點，完全不佔空間，是數學上沒有大小的點。

粒子並非生而平等。每個粒子的性質略有差別，因此影響它的運動方式。我們創造一個粒子時，必須賦予它「質量」（正數）和「電荷」（正數、負數或零）。質量和電荷不能任意決定，只能從 17 種可用的質量和電荷組合中選擇一種。我們稱這些組合為 17 種基本粒子，每種粒子都有個可愛的名稱，例如魅夸克（charm quark）或 T 輕子（tau lepton）等。

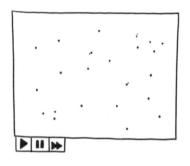

我們按下播放鍵時，粒子會怎麼樣？它們會在空間中移動及互相作用。所有自動機都一樣，有明確的運算規則告訴我們每個粒子接下來會怎麼活動。一般來說，粒子沿直線移動，而且速度非常快。唯一的例外是交互作用，也就是粒子衰變或兩個粒子非常接近的時候。這時我們必須參考簡便的交互作用對照表，看看接下來會怎樣。不同的粒子產生交互作用時，可能會碰撞後朝不同方向散射，也可能結合成單一粒子，還可能（如果兩者的相對速度夠快的話）噴出一道新粒子。

你如果有興趣，以下是標準模型中所有的基本粒子交互作用：

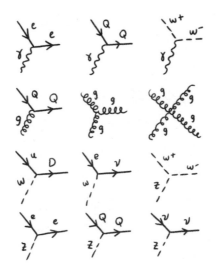

　　舉例來說，第一個圖指出，一個電子吸收一個光子（photon）並改變方向。這些交互作用也能逆向進行，也就是電子也可能釋出一個光子並改變方向。

　　我的確沒有完全說明細節，但我也沒辦法。在「生命遊戲」中，我們只要算方格就能知道接下來會怎麼樣，但在標準模型中，老實說，粒子交互作用的明確規則不太合理。計算過程包含連續體總和、虛數、耦合常數和各種奇怪的數學，讓物理研究生耗盡心力。這個過程很有系統，但既不簡潔也不簡單。

　　為了幫讀者節省時間和學費，我會大略介紹一下。以下是把粒子散布在空間中並執行模擬的簡單說明。

　　起初會發生大量劇烈的活動。這 17 種粒子大多都很不穩

定，幾乎立刻會開始衰變，分裂成較小的穩定粒子。初始爆發過後，只剩下幾種不同的粒子，其中只有三種真正需要留意，就是上夸克、下夸克和電子。

　　隨著時間慢慢過去，固定模式開始出現。我們開始看到夸克每三個聚集在一起。標準模型中沒有定律規定夸克必須三個聚在一起，但實際上就是這樣。夸克三重奏彼此交互作用，使它們這樣聚集在一起。如同「生命遊戲」一樣，反覆套用相同的基本規則後，穩定結構隨著時間開始形成。

　　事實上，夸克三位一體的傾向異常明顯，在初期的躁動平息之後，夸克通常就不會再單獨存在，一定是三位一體。它有時會六個、九個或以三的倍數聚集在一起，但大多數狀態下只有三個，一起沿直線飛行。這時，「夸克」這個名稱就不再適用。我們最好把這三個夸克視為一體，這樣比較方便。所以我們又發明出新名詞：兩個上夸克和一個下夸克是質子（proton），兩個下夸克和一個上夸克呢？叫做中子（neutron）。

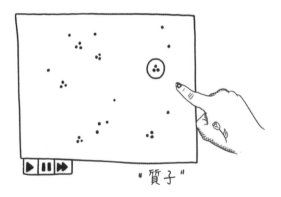

"質子"

　　接下來又會怎麼樣？交互作用規則將會產生更多的固定模式和規律。

　　如果繼續看下去，會發現正電荷和負電荷一起漂流，但相同的電荷則會分開。這種現象同樣也不在規則中。一個粒子不會「知道」另一個粒子的電荷，只是與周遭的其他粒子交互作用，並在作用時改變路線。這些路線改變有個隨時間而加大的特質：正電荷逐漸遠離其他正電荷並接近負電荷。

　　不過這個過程十分緩慢，所以我們加快一些模擬速度。現在慢速漂流看起來像是強力拖拉。我們可以看到電子（負電荷）迅速接近質子（正電荷）。距離越近，速度越快，最後加速掠過質子。它迅速遠離後被質子拉了回來，速度逐漸減慢，接著回頭加速，再度掠過質子。如此不斷重複，電子在質子的引力下來回飛掠（＊）。

　　空間中隨處可見這種現象，電子和質子隨時可能相遇。這個結構十分常見，應該直接取個比「電子在質子周圍來回飛

馳」簡潔一點的名稱，例如稱它為「氫」。

　　別忘了，有時也會有六個、九個或更多夸克聚集在一起。這些狀況很少見，但確實存在，而且這類大集團會吸引更多電子進入它們的軌道。我們可以依據這類小系統的總電荷數，給每個系統一個名稱，例如「氧」、「氯」和「金」等。

　　你或許已經知道接下來的發展了。我們把速度再加快一點，讓電子變成一團雲霧，就會看到整個系統（我們稱它為「原子」）在空間中緩慢地漂流。它們彼此掠過時，有時沒有影響，有時則會結合之後一起漂流。我們可以發現氫和氫喜歡一起漂流，氧漂流時則喜歡兩邊各有一個氫相隨。

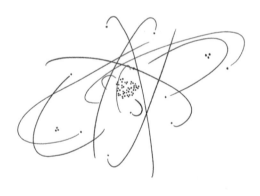

「水」

　　我們現在還沒有加入新規則。進行的模擬仍然相同，只是執行的時間越來越長。當我們觀察到「新的」現象時，總是能夠用這些基本規則來解釋。例如鍵結是什麼？鍵結是電子依據交互作用行動。兩個氫彼此接近時，電子自然會環繞兩者的質

子運行，使兩個質子結合在一起。只有在我們拉遠視角並加速時，它看起來才會像新規則：「氫經常成對活動。」

你大概已經知道接下來要講什麼，所以我就直接講重點。這些新的大型結構（我們先稱之為「分子」）也會以可預測的確定方式活動，有時會形成龐大的大型分子，例如脂肪、蛋白質、油脂、核糖核酸等等。這些分子每個都有自己的特性和表現，有時會形成更大的結構，稱為胞器（organelle），胞器再結合形成更大的結構，稱為細胞（再拉遠視角並加速）。有些細胞單獨生存，有些則會形成單元，彼此交互作用，稱為器官（organ），器官交互作用形成的單元稱為生物（organism）。一些生物聚集起來形成社會團體或機構，這些團體聚集形成階級或部落，部落彼此交互作用，形成整個社會。社會彼此交互作用，就是歷史。我能講的故事大概就到這裡。

因為這只是個故事，對吧？顯然我太過誇大自己的角色了。沒有人進行物理學模擬能真的產生人類社會，連基本的細胞結構都做不出來。這是不可能的。需要保存資料的事物數量大概相當於宇宙中所有粒子的數量，所以空間完全不夠。

沒錯，這只是故事，但可能是真實的故事，至少其中含有不少真實成分。這個連鎖反應中的每一步都出自非常成功的科學模型。化學家認為水由兩個氫和一個氧組成，而且這個理論提出的預測一向完全正確。行為經濟學家認為我們可以用心理學和神經學因素解釋人的經濟行為。它像是長距離的接力賽，每個研究領域負責跑一段。

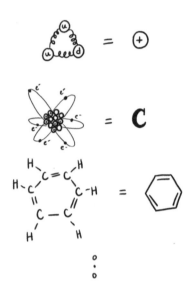

　　不過我們有充分的理由相信，完整的故事不只如此。我們的理解還有些缺漏之處，你或許會感到懷疑。沒有人敢說自己**完全**了解神經線路中的電訊號如何形成人類的行為。人工智慧使這個說法看來似乎可信，但我們還沒研究出明確的過程。你可以把它當成開頭，主張說還有其他因素，人腦中有某些神祕要素，沒辦法用夸克和電子的交互作用來解釋。

　　但我認識的喜歡數學的人，似乎大多認為這個故事相當接近真實。他們認為缺漏不重要，最後一定可以補回來。已經有許多東西能以簡單數學模型解釋，例如恆星的運動、地球的生物多樣性、自然災難和天氣、以及整個太陽系的形成等。我們有什麼理由認為其他部分不能解釋？

　　哲學家稱這種世界觀為自然主義（naturalism）或科學自然

主義（scientific naturalism），我們可以思考一下它的含意。如果真的如此，如果科學自然主義正確的話，那麼現實中的一切都遵守嚴格的數學規則。整個宇宙必定和某個精心校正的自動機完全相同。我們周遭的一切，當然也包括我們體內的一切，都是自然定律加上宇宙起始狀態的數學結果。

這個想法相當迷幻。

它引出幾個十分重要的哲學問題。如果你相信某個版本的自然架構，下次有空時可以想想這三件事。

這些數學規則是不是真正的自然定律，主宰著宇宙的發展？還是說宇宙隨著時間存在和改變才是絕對事實，這些「規則」只是我們在其中發現的固定模式？

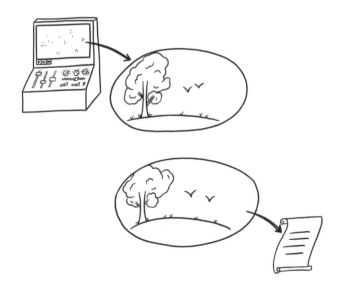

　　無論答案是什麼，為什麼會有這些規則？這些規則看起來既奇怪又抽象。為什麼是這個宇宙存在，而不是另一個？每個我們想像得到的數學宇宙是否都和這個宇宙一樣存在？或是我們比較特別，在各種可能世界中獨一無二，因此具體、有形而又真實？

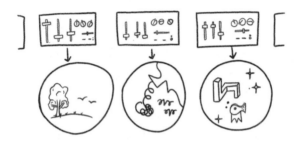

　　即使一切都只是數學規則，即使我們生活在龐大無比、極度複雜的模擬中，這個超級古老的問題還是沒有解答。在這個程式中有沒有意圖、設計、計畫、心智、先見之明、慾望、溫暖或關懷？

　　我覺得這些問題的答案短期內不太可能找到，甚至不會有一般概念中的「答案」。歸根結柢，我們擁有的只有我們自己發明的模型，而所有模型的範圍都是有限的。

　　這個標準模型的目標當然比音樂理論或經濟學遠大得多。它預測數值的精確程度超過小數點以下十位，並經過實驗一再驗證。它為我們在自然界中觀察到的各種現象提供統一的解釋，比對及擴展其他模型提出的描述。此外它還帶著一個範圍廣泛的故事，我們所見的這個由無數個活潑小點點構成的現實，使許多人覺得美麗、令人感到渺小，甚至心生敬畏。

　　但它不是一切。它有自己的盲點。我的意思是，目前的標準模型連重力都無法解釋！（弦理論家正在努力解決這個難堪的疏失。）

　　因此可以想見，我們應該尋找一個能充分反映現實的數學對象。理論數學的終極目標是採集和分析各種可能的模型、各種可能的結構、形狀和系統、各種邏輯和論證，放在同一個地方。它試圖把各種想得到和想不到的事物轉換成一種共通語言，一組通用的符號和技巧。這個計畫表面上看來大膽又不可能成功，但它持續成功地解釋並預測了日常生活中的種種現象，卻是我們無法完全理解的奇妙成果。

　　至少，有空就想想這些，是非常有趣的事。

✱ 嚴格說來……

第 41 頁：緊緻流形（compact manifold）和非緊緻流形（non-compact manifold）必須分開。這個完整清單只包含緊緻片流形，但不包含非緊緻的平面。其他的非緊緻流形包括無窮圓柱等無窮流形；具有看不見的「開放」邊界的流形，例如去除外緣圓形的圓盤；以及一些奇怪的形狀，例如有限大小但有無限多孔洞的環面。

第 77 頁：有限長度連續體的兩個端點不與任何事物配對，所以這其實不是完全配對。但它可以證明有限連續體至少和無限連續體一樣大。但無限連續體顯然也至少和有限連續體一樣大，所以兩者一定一樣大。

第 84 頁：這個命名系統有個小問題。LRRRRR…和RLLLLL…指的是連續體上的同一（中間）點。事實

上，正好位於一半、1/4、1/8 等的點也都有兩個名字。所以我們其實無法確定連續體上的點的數量與 LR 位址的數量是相同的——它可能較少。

為了證明點的數量至少和 LR 位址一樣多，我們先提出另一個命名系統。這個系統的切分點不是 1/2，而是 1/3，以 L 代表左、M 代表中、R 代表右。每個 LR 位址依然代表這個新命名系統上的一個點，而且這次不會重疊了（也就是說，LRRRRR…在新系統上的新名稱是 MLLLLL…，所以不是 LR 位址）。因此點的數量至少和 LR 位址相同。

第 96 頁：任何（在拓樸學上）與球面是相同形狀的容器都如此。例如，甜甜圈形的容器中的水流就沒有固定點。這個定理在任何維度都成立。

第 126 頁：而且賽局不能有「迴圈」（loop）。唯有當賽局無法在相同位置上不停地來回重複，這個證明才成立。許多賽局有「迴圈即和局」的規則，在這類賽局中這個定理就能成立。

第 143 頁：但要實際證明與質數有關的事實，必須先增加定義「質數」的公理。這五個只是基本公理，想運用新概念還需要更多公理來證明。

第 192 頁：白天的長度不完全是簡諧運動，但非常接近。有個極小的誤差項在距離赤道越遠時越明顯。北極圈和南極洲的誤差非常大，太陽會在地平線附近徘徊數個月之久。

第 211 頁：這裡我省略了標準模型的某個關鍵要素。如果這些現象真的是規則，那麼電子的能量將逐漸降低，最後被吸入原子核。但實際的標準模型中有個最小的能量「量子」（quantum），因此不會發生這種狀況。

最後一提

這本書中還藏著一個謎題。

它的答案是一個數字。

答案是什麼？

繪圖者簡介

M Erazo

藝術家的角色是使革命勢如破竹。
——托妮‧凱德‧班巴拉（Toni Cade Bambara）

M 是皮膚黝黑的非二元性別文化工作者及組織者。他以「乳化」（Emulsify）為名創作，協助自己治療、學習、提倡和想像新的世界。他相信所有的藝術都強而有力又具有政治意義。M 和太太居住在布魯克林，投入很多時間創作和抱小狗。M 的創作能量和愛只是其生活的一部分：他也是支持墮胎的工作者、乳化設計公司創辦人，以及酷兒跨性別黑人與深色人種社群空間「歡天喜地」（Arrebato）的創意總監。M 透過作品建立真摯的友誼，向優秀的同儕學習，以及為他們尋找容身之處。想進一步了解 M 的作品，請參閱網站 emulsify.art。

國家圖書館出版品預行編目（CIP）資料

不用數字的數學：讓我們談談數學的概念，一些你
從沒想過的事……激發無窮的想像力！／米羅·
貝克曼（Milo Beckman）著；甘錫安譯. -- 初版.
-- 臺北市：經濟新潮社出版：英屬蓋曼群島商家
庭傳媒股份有限公司城邦分公司發行, 2022.09
　　面；　公分. --（自由學習；38）
　　譯自：Math without numbers
　　ISBN 978-626-7195-01-7（平裝）

1. CST：數學　2. CST：通俗作品

310　　　　　　　　　　　　　　　111013441